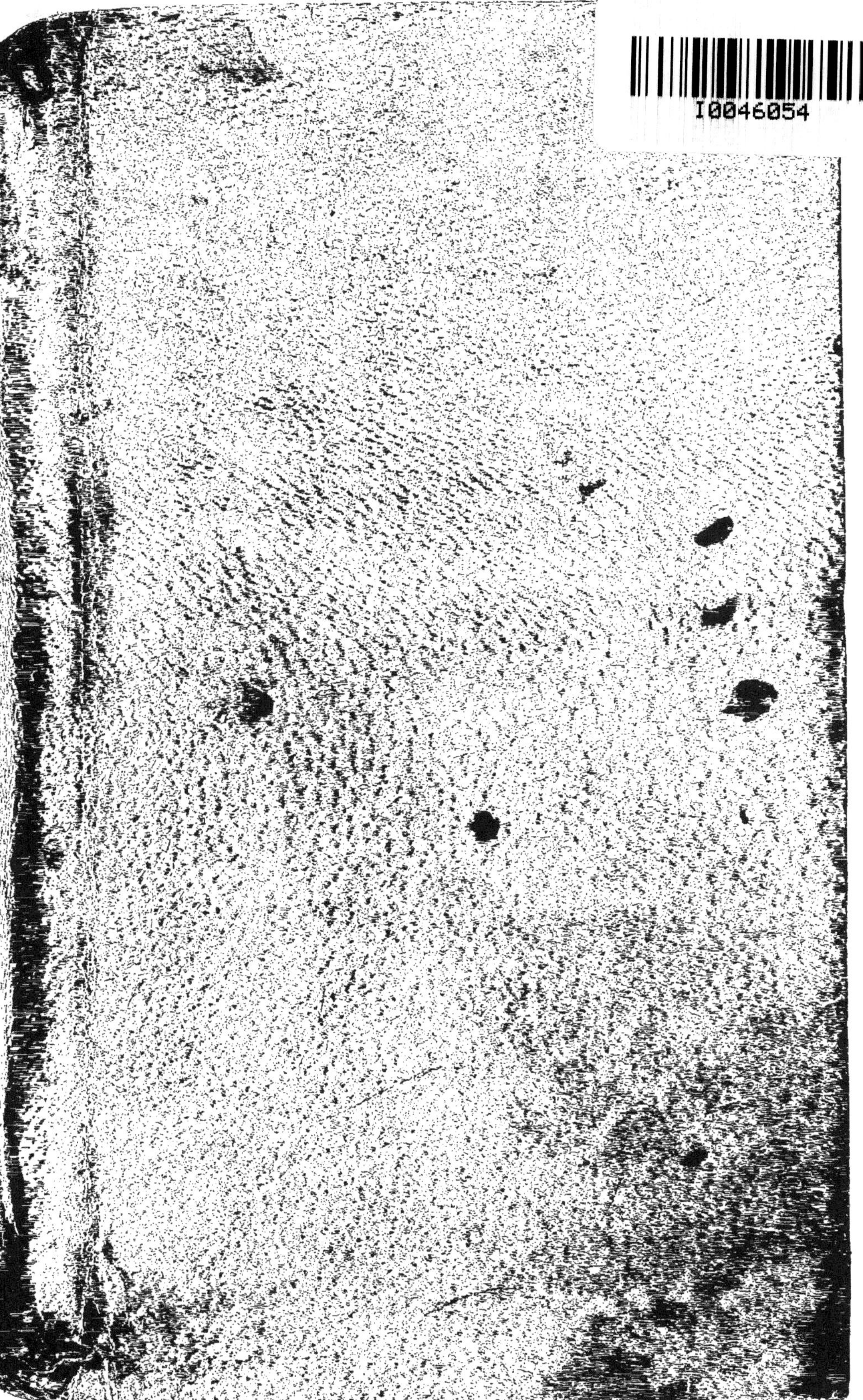
I0046054

LE IEV DES DAMES.

Avec toutes les Maximes & Régles, tant générales que particuliéres, qu'il faut observer an icelui.

Et la Métode d'y bien joüer.

Ortografe nouvéle, & rézonée, suivie par l'ordre de l'Alfabet, par lequel on se poura aûsi prontemant, que parfétemant instruire an icêle.

Le tout aconpagné de plusieurs discours, autorités & rézonnemans instructifs, tirés de la Moralle, de la Politique, & de l'Istoire.

A PARIS,

Par Mr PIERRE MALLET, Ingénieur ordinére du Roy, & Proféseur aux Siances Matématiques, rüe de la Huchéte, an l'Académie de Mr de la Sale, Mêtre d'Armes.

ET AV PALE'S,

Chés TH. Girard an la grand Sale. 1668

Avec Privilége de Sa Majesté.

AUX BÉLES & Généreuzes Dames.

JE ne ſuis, ni Prêtre, ni Exorſiste, & vous n'étes, ni Dééſes, ni Sorciéres, Béles & Généreuzes Dames : Et c'eſt pour cela, que je ne vous conſacre point ce Livre, que je vous prézante ; & que je ne vous conjure point de l'accepter : Ces grans termes de Conſacrer, & de Conjurer, & qui par des Métafores étranges, & par trop éloignées, pour ne pas dire excesivemant extravagantes, sont à prézant trés-cômunémant anploiés par la plû-part des Auteurs, & méme par les plus sinples Gramériens, dans les Létres, qu'ils métent à la téte des Livres, qu'ils ôfrent aux Persones, dont ils dézirent étre mintenus; & déquéles, tant par ces sortes de termes, que par leurs inprudantes Eloges, ils s'atirent l'aversion & le mépris; au lieu de s'an concilier la bien-veillance, & d'an aquerir la protecsion. Ces grans termes, di-je, doivent être rezervés l'un pour servir aux Prétres, & aux Persones sacrées, qui prézantent *sur les Autels du Dieu Eternel, des Sacrifices à sa divine Maiesté ; & l'autre, pour servir aux Exorsistes à coniurer, les malins Espris, les Demons, ou les Diables, qu'ils veulent châser des Cors, des mizérables posédés. Permétés donc, & éiés agréable,* Béles & Genéreuzes Dames, *que ie ne me serve point de ces termes superbes, arogans, orguilleux, fiers & anflés ; més que par des paroles sinples, hunbles, bones, civiles, honétes & coulantes, ie vous ôfre d'un cœur franc, net & ouvert, & de toute la puîsance de ma Volonté, ce Livre que i'é conpozé, & que ie prans la liberté de vous prézanter. Permétés aûsi, que ce ſét avec tous les respecs, & avec toutes les soûmiſions, que ie vous dois, & que ie conſervré toûiours très-inviolablemant, pour vôtre émable Sexe; & avec toute la dévoſion, & tout le Zéle, que i'auré éternélemant pour vos Vertus, que ie vous suplie de l'accepter. Ce Livre,* MesDames, *contient l'Ordre, les Régles, & les Loix, d'un Ieu, qui a l'hôneur de porter vôtre iluſtre Nom, c'eſt le gran Ieu des Dames, c'eſt cét émable Ieu, que vous avés invanté, ou qui a été invanté pour vous; & qui a dôné de tous tans, & qui donera an-*

core à l'avenir, de grans & de considérables antretiens, & de trés-hônètes divertîsemans, à tous les Abitans de la Terre, & méme aux plus rares & aux plus fors Espris, qui n'ont pas ancore pû ancônêtre la grandeur, ni la perfecsion, & que posible on ne cônétra iamés. Més côme vous étes l'hôneur, l'ornemant, les delices, & l'amour de la Nature, & des plus exelans Homes; & que c'est par vos moiens, & par vos acsions, aûsi-bien que par les leurs, que l'Humanité subsiste: On peut, avec autant de Iustice que de vérité, crére, que ce gran Ieu, qui est conu & tres-

bien resu an tout l'Vnivers, sert non seulemant de cimant, d'antretien, & de liézon à cet Amour ; més, qu'il est ausi la baze, & le fondemant de céte subsistance. Ces réZons me font esperer de vos bontés, MesDames, *que vous receurés ce Livre, ausi favorablemant qu'il vous est preZanté an toute humilité, & avec tout le respec dont est kapable,*

Bêles & génèreuzes Dames,

Vôtre trés-hunble & trés-obéïsant Serviteur P. Mallet, Ingénieur ordinére du Roi.

AVIS.

CEux qui n'antandent point la Langue Latine, n'auront aucune dîficulté an l'intélijance de ce Livre, dautant que les Pâſages Latins, qui y ſont cités, ſont ſuivis ou précédés de leurs ſinificaſions Franſézes, mês preſque tous ſuivis : C'eſt pourquoi an lizant ſeulémant le Franſés, on aura toute l'intêlijance du Livre, côme ſi on lizét aûſi le Latin.

AVERTISEMANT touchant l'Ortografe.

LA Nature nous anſégne à ſuivre les plus cours chemins, & à nous ſervir des plus cours, & des plus prons moiens, pour parvenir à un même but, ou pour tandre à une même fin: Pourvû qu'ils ſènt aûſi âſûrés, aûſi komodes, & aûſi bons que les autres. C'eſt l'opinion de tous les Filozofes: Ils dizent ordinéremant que c'eſt vénemant qu'on fét, ou qu'on agît par plus, lors qu'on le peut aûſi bien par moins, & que c'eſt agir contre la rézon, & contre l'autorité Divine & Huméne, que d'admétre des Etres ſans nécêſité, & pluzieurs autres Préceptes & Axiomes, qu'ils nous débitent continuëlemant, & qui nous font certins de céte vérité. C'eſt pourquoi il y a gran ſujet de s'étoner, de ce que tous, ou la plus grande partie des Savans, ſênt demeurés juſqu'à prézant dans une eſpéce d'aveuglemant volontére, ſur le ſujet de l'Ortografe Franſéze. Il eſt vrai que de tans an tans, quelques ſavans Homes ont travaillé à ſa corecſion: Mês la multitude des autres, peut être fondée ſur la longue pôſêſion du mauvés uzage, ou par l'apréhanſion d'une nouvauté, ou par la crinte de n'être pas eſtimés ſavans, ſont oſtinémant demeurés dans céte vieille erreur. Ils ont préféré les Pré-

ceptes

ceptes, & les faûſes Régles des Grâmériens, & la barbarie des plus ſignalés Pédans; aux juſtes & rézônables Loix des hônêtes Ians, & des Perſones les plus polies: Néanmoins depuis quelques Anées, par les ordres de nos Rois, ces grans & rares eſpris qui conpozent céte iluſtre Académie Franſéze, nous ont dôné de trés-exêlans Ecris ſur ce ſujet, les uns par leurs Remarques, & les autres par leurs Sanſures; mês les Sanſures ne s'acordent pas toûjours avec les Remarques, ni les Remarques aux Sanſures, & les uns & les autres, nous ranvoient ſouvant à l'uzage; têlemant que dans l'incertitude de ce qu'on doit fêre ſur ce ſujet: Chacun pran la liberté d'une Ortografe volontére; & moi antre les

é

autres, fondé ſur les Loix & ſur les Maximes de la Nature, & ſur les rézonemans Axiomes, & Préceptes déclarés ci-devant, j'ê ſuivi la métode que j'é eſtimé la plus courte, la plus facile, & la plus rézonable; & inſi j'é retranché tout ce qui m'a ſanblé être ſuperflu, c'eſt-à dire la plus grande partie des Létres müëtes, ou qu'on ne prononſe point, & j'é tâché de fêre antrer dans mes écris, toutes cêles qu'on prononce, ou qu'on doit prononcer, ſans crindre de tonber dans les ékivoques, dautant que par ce qui précéde, & par ce qui ſuit, on ne prandra jamés un terme, ou ſa ſinificaſion, pour un autre, & on obſervera que j'é dôné, tant qu'il m'a été poſible, la propre ſinificaſion élémantére, à chacune létre, & à chacune silabe, pour ne pas tonber dans les fautes ordinéres des Grâmériens, qui dônent des Régles contréres & diamétralemant ôpozées à leurs Elémans; & insi ils détruizent ce qu'ils ont premiéremant êtabli: C'est ce qui fét les plus grandes dîficultés des Etrangers & des Anfans, & de tous ceux qui s'êtudient à bien lire, à bien ortografier, & à bien parler. Pour les éviter, je n'écriré point *T*, pour *S*, ni *Ti*, pour *Si*, ni *S*, pour *Z*. ni *qua* pour K*a*, ou pour *ca* que nous prononsons presque par tout côme K, ou côme K*a*, contre sa propre sinificasion élémantére, je n'écriré point *C*, virgulé, ou non virgulé pour *S*, je préféreré *ê* circonflexe ou *é* égu *à* ai, je retrancheré lès, aſpiraſions & les diftongues tant qu'il me ſera pôſible, par ces moiens je reméteré an uzage les K, les *X*, les *Y*, les *Z*, & les *Acſans*. Si on eſtime qu'il y ait de l'audace, ou de la témérité, an mon antreprize, on conſidérera qu'ê-le n'y eſt pas toute antiére, car je n'é pas ozé fère nu retranchemant, ou changemant total, pour céte fois, ancore qu'il m'ét ſanblé rezônable & nécêſére, pour que nôtre Langue ſoit an ſa pureté, ou au moins qu'êle ſoit plus détachée des autres, & prinſipalemant de la Latine. Mês pour ce qui eſt des Termes qui ſont an uzage dans les Sianſes, & dans les Ars, & qui ſont Grecs, ou dérivés des Grecs, je les écriré à l'ordinére, ſans y rien retrancher ni changer, & ce pour l'hôneur & le respec que j'auré toûjours pour ces grans Hômes, aûquels nous sômes redevables des premiéres cônêsances que nous avons des Siances & des Ars : je retiendré les termes de Septante, Octante, & Nonante, côme plus kômodes an l'Aritmétique, que soixante-dix, katre-vint, & katre-vint-dix, &c. Mon santimant sera toûjours tel, jusqu'à ce qu'il pléze à Mêsieurs de l'Académie Franséze, ou à nos Mêtres, ces grandes lumiéres de la Sorbone, & de céte jlustre Vniversité de Paris (du Cors de laquêle j'estime à hôneur d'être, sous le titre de Mêtre aux Ars) de nous dôner des Loix, & des Régles fixes, lêquêles je suivré inviolablemant, & avec respec.

Cét Avertîsemant est celui qui est an tête du Livre de l'Architecture Militére, que je fis inprimer il y a prés de trois ans; on voit par les Discours, & par les rézons qui y sont, que le changemant de l'anciéne Ortografe, est d'une totale nécêsité, pour la perfecsion de nôtre Langue: Et je m'imagine que ces rézons ont pû obliger, ou au moins persuader, pluzieurs de ceux qui écrivent à prézant, & qui du depuis ont fét inprimer quelques Euvres, à se servir de la nouvêle Ortografe: Et même j'ê apris que les Sieurs de l'Esclache, de Riche-Source, du Roure, de Iourdin, & pluzieurs autres des plus doctes de ce tans, ont antiérement changé leur anciêne Ortografe: & il est à crêre que tous les autres Savans changeront aûſi: Et nous devons eſpérer, que ceux qui juſqu'à prézant ſont demeurés oſtinés à la conſervaſion de l'anciêne Ortografe, ſe reconêtront, & qu'anfin leur oſtinaſion cédera à la rézon.

Autre Avertîſemant ſur l'Ortografe.

J'E déclaré an l'Avertîſemant précédant, que je n'ozé pas an ce tans-là, fêre un changemant total de l'Ortografe Franſéze, ancore qu'il m'ût ſanblé trés-rézonable, & trés-nécêſére, mês que ce ſerét pour la premiêre fois que je ferês inprimer. Il est vrai que l'Ortografe de ce Livre, est baucoup plus châtiée, que cêle de mon Livre de l'Architecture Militére; & néanmoins, êle est ancore fort êloignée du point où je la dézire; & j'avoüe que je n'ê pas ancore ozé la porter jusqu'à la dernière rigueur, c'est à dire, à sa perfecsion; au contrêre, vous vêrés que pour tâcher de conduire, côme insansiblemant, ceux qui liront ce Livre, & pour les habituër doucemant à cête nouvêle Ortografe, je n'an ê pas si réguliéremant observé les régles, au cômansemant d'icelui, que j'ê fét an sa suite: Et quant à ce que j'ê dit an l'Avertisemant précédant, touchant les Termes des Siances, & des Ars, qui sont Grecs, ou dérivés des Grecs, lêquels je n'ê pas voulu changer an mon Architecture Militêre, pour le respec que j'auré toûjours pour ces grans Hômes, aûquels nous somes redevables des premiêres cônêsances, que nous avons des Siances, & des Ars. Ie dis à prézant, sans toutefois perdre ce respec, que ma rézon l'anportant sur ma volonté, m'oblige à les changer côme les autres; & je suis fort persuadé, que ces Savans Grecs ferênt eux-même ce changemant, s'ils êrênt aujourd'hui an nôtre France, & qu'ils ûsent la cônêsance de nôtre Langue, côme nous l'avons: & il est à crêre qu'il y a lon-tans qu'ils aurênt fet pâser kariêre à la plû-part des termes, dêquels nous nous servons, & qu'ils les aurênt antiêremant fransizés,

é v

ſans conſidérer leurs dérivaſions Gréques, Latines, ou autres; & ce pour conduire nôtre Langue, an ſa perfecſion & pour ne fêre pas dépandre une Langue bêle & vivante, côme la nôtre, de cêles qui ſont mortes depuis pluzieurs Ciécles, & qui ne ſubſiſtent plus que par les Ecris, étans à prézant barbares, pour ne pas dire du tout incónües aux Terres de leurs origines. Il eſt vrai qu'il a toûjours été, côme il eſt ancore à prézant, de la civilité, & de la courtézie Francéze, de trêter les Etrangers, avec plus de reſpec qu'ils ne font ceux de leur propre Péïs: Mês ſi c'eſt pour cête rézon que la plû-part d'antre eux s'atachent ſi fortemant à conſerver cête trés-ſanſible, & par trop évidante ſuperflüité de Létres, dans leurs Ecris pour mieux fére cônêtre les Racines des Noms, des Môs, & de tous les Termes, dont ils se servent, & qui sont barbares, ou au moins Etrangers : qu'ils considérent, s'il leur plêt, que les Etrangers mêmes, an font hautemant leurs plintes de toutes pars, acuzans les Fransés, d'infidélité, pour ne pas dire de traïzon, dizans, qu'ils ne peuvent avoir aucune confianse, aux persones qui parlent d'une fason, & qui écrivent d'une autre, côme font les Fransés; & de plus, n'observons-nous pas journélemant, que la plûpart de nos Fransés, aûsi-bien que les Etrangers, les Anfans, &c. lizent trés-mal, à cauze de ce malheureux anploi des Létres qui sont superfluës an l'Ecriture? Ouvrés donc les Yeux & l'Esprit, vous qui voulés avec ostinasion demeurer dans l'erreur de ce mauvés uzage, je ne veux ni esclamer, ni fére aucune inprékasion contre vous; au contrére, je vous prie de sortir de l'aveuglemant où vous êtes, & je vous convie d'antrer au bon chemin.

Qu'on ne se persuade pas que ce ne soit que depuis quelque peu d'ânées, qu'on se sét avizé de retrancher ou d'ôter, les létres superfluës de l'écriture, & de changer céles qu'on prononce contre leurs propres sinifikasionsélémantéres, qui est ce que nous apelons à prézant, la nouvêle Ortografe : C'est d'un tans inmémorial, que ces retranchemans & changemans, ont été propozés; & même j'é

an

an min, ou an ma-propre pôsêsion, pluzieurs Graméres, ou Elémans de la Langue Fransége, inprimés il y a plus d'un siécle, antre léquels on voit les Ecris & Mémoires de Fransois de l'Arche, de Claude le Franc, & la Graméré de Me Iaque Silvius, Médecin, cêle de Philipe Iubert, cêle de Mêtre Loüis Mégret, lon-tans aprés on a vû cêles de Rapin, de Baif, de Nicolas du Four, & pluzieurs autres; par tous léquêls Ecris, Mémoires, & Gramêres, il parêt que les plus êclérés de ces tans-là, voulênt que l'Ecriture suivit la prononciasion; parce que c'est une nécêsité, que l'Ecriture suive la parole, ou la parole l'écriture; mês il est inpôsible, sans se randre ridicule, de parler selon la vieille ou l'anciêne Ortografe,

& ſes plus inſignes Partizans, ni même les plus ſignalés Pédans, ne l'ozérent fére. Il faut donc nécêſéremant changer l'anciêne Ortografe, an une nouvêle, pour qu'on êcrive côme on parle, parce qu'il faut parler côme on écrit; pour ſe fére égalemant bien antandre, par les Paroles, & par les Ecritures &c. Mês c'eſt trop parler ſur ce ſujet, c'eſt vouloir dêmontrer les Axiomes, & les Principes; c'eſt vouloir prouver qu'il eſt jour ſur l'Orizon de ceux qui ont le Soleil an leur Méridien; c'eſt porter de l'eau an la Mer, an un mot c'eſt perdre ſon tans: C'eſt pourquoi je pâſe au retranchemant, & au changemant, de quelques Lêtres, côme il ſuit.

Outre les changemans, &

les retranchemans, que j'é fét des Létres, côme il est remarqué an l'Avertîsemant de mon Architecture Militére, lequel j'é exprés mis à la tête de celuici. On observera ancore ce qui suit.

OBSERVASIONS.

POur garder un ordre an ces Observasions, je suivré le plus succintemant qu'il me sera pôsible, celui de l'Alfabet Fransés, sans m'arêter à an reprezanter les Létres, ni à distinguer les Voïêles, les Consones, les Diftongues, Triftongues, propres ou inpropres, ni à les considérer côme longues ou bréves, sinples ou conpozées, Masculines ou Féminines, fermées, ouvertes, plus ouvertes, &c. ni à les distinguer an Grandes, Kapitales, Majuscules, ou Versales, &c. Ie ne m'arêtré point aûsi aux Acsans, par lêquels les prononciasions sont à demi-son, à son antier, fortes, fébles, moïênes, graves, égues, variantes, &c. Ie ne parleré point de la Punctüasion, qui est distinguée an dieréze, ronde finale, ou périodique, demi-périodique, virgulée, hypocolique, intérogante, admirative, parentézique, divizive, conjunctive, & un nonbre indéfini d'autres remarques & observasions, dont les ansiens Mémoires, Elémans, & Gramêres, de la Langue Franséze, que je cite ci-devant, sont ranplis; & sur lêquels nos Gramériens modernes, se sont instruis : & insi cela êtant de leur propre ôfice, ils an sont an la légitime pôsêsion, an laquêle je ne prétans point lès troubler.

ORTOGRAFE.

A. Je cômanseré donc par *A.* que j'êcriré, par tout où il me sera rêzonablemant pôsible, an la place de *E.* côme, pour exanple, j'ecriré *Antandemant*, & non pas *Entendement*; *Cômansemant*, & non *Commencement*; *Anpereur*, & non pas *Empereur*, ni *Ampereur*, &c. Ce changemant de *E.* an *A.* fera un langage plus fort, & plus majestüeux, & qui ne sera pas moins doux & coulant; & nos Picars & Picardes, du Péïs dêquels j'estime à hôneur d'être, & même de la Vîle d'Abbevîle; racourciront leurs paroles par le moïen des *A.* dautant qu'ils les font excêsivemant longues, à cauze des *E*.

B. Le *B*, ne sera pas suivi de *E*, an pluzieurs mos, côme, pour exanple, j'êcriré *Bau*, *Baucoup*, &c. & non pas *Beau*, *Beaucoup*; parce que si on sépare les Silabes de *Beau*, & de *Beaucoup*, côme il suit; on cônêtra qu'on ne prononse pas, *Be*, *au*, ni *Be*, *au*, *coup*, &c.

Néanmoins, on écrira *Béte*, poirée, *Béte-rave*, racine, avec l'acsant égu, mês *Bête*, animal inrézonable, sera écrit avec l'acsant circonflexe; & insi *S* sera ôtée de *Bête*, animal, parce qu'on ne la prononse point; & néanmoins, *S* sera gardée an *Bestial*, *Bestialité*, &c. à cauze qu'on la prononse: La rézon est qu'il faut écrire côme on parle.

C. Le *C*. êant eü l'insolanse de

prandre la place du *Q*. nous le changerons an *k*. & parce que le *Q*. ſanble y avoir conſanti, il recevra une pareille Métamorfoze; c'eſt pourquoi on n'écrira plus *Quaré*, ni *Caré*, mês *karé*; & le *C*. ſédra ſa place au K. an tous les Môs, ou Termes, ou il ſera ſuivi d'un A, côme Kamizole, Katolique, karre, &c. côme pareillemant nous banîſons à perpétuité le C, d'auprés du *Q*. an tous les termes ſuivans, & an tous leurs ſanblables, & de tous leurs conpozés, côme *Gréque, Barque, Pique, Parque, Clique, Claque, Iaque*, &c. Et parce que le *C*. monté à Cheval ſur une virgule, a ëu l'audace de prandre an Franſe, & an pluzieurs autres lieux, la place de *S*, qui eſt une bône létre, ſa place lui ſera randuë, & dêfance à lui d'ÿ retourner à péne de punision; & insi on écrira *Franse*, *Fransés*, *Défanse*, *Consevoir*, & non pas *Françe*, *Conçevoir*, &c.

Mês dautant que *C.* est ami de la Démonstrasion, & *S.* de la Pôsêsion, ils y seront mintenus selon leurs dézirs, aux termes qui les dénotent.

On êcrira un *San*, deux *San*, six *San*, &c. indéclinable, & non pas un *Cent*, deux *Cens*, six *Cens*, &c. Surquoi on observra que *Cent*, &c. sone mal an bon Fransés, & qu'on ne confondra pas *San*, qui est un nonbre d'unités, avec *Sans* qui est une négasion, ou le *Sans* d'un discours, ou un des cinq *Sans* de nature; dautant que par la nouvêle Ortografe, on les êcri & prononse l'un côme l'autre ; mês le *San* d'unités est écri sans *s*, &c.

D. On êcrira *Din*, animal, & non pas *Dain* ; *Droit*, côme Droit Canon ou Civil, mês *Drét*, une choze dréte, *Drétemant*, &c.

E. *E*, sera changé an *A*, an quelques termes où il précéde *M*, ou *N*, côme, *Anpereur*, *Anbrazer*, *Anpezer*, *Anfant*, &c. côme il est dit ci-devant.

Ce mot *Etre*, est l'infinitif prézant, sans nonbre, & sans persône, & prétérit inparfét, du Verbe, dont la premiére persone de l'indicatif est, je suis, qui est le *Sum* des Latins, qui le métent au nonbre des Inréguliers : il est substantif, à cauze qu'il ne dénote, ni acsion, ni pâsion, mês il âsigne l'être, l'existance, ou la subsistance, de la choze qui est sinifiée par le nom qui lui est joint.

An tous les modes & tans de ce Verbe *E*, a toûjours été suivi par *S*, je la retranche par tout, il sufit que *E*, acsantüé, soit seul: Il est vrai que je fês quelque dificulté d'ôter l'*S*, de la troizième persone du singulier de l'indicatif de ce Verbe, dautant que ce serét écrire *et*, & non pas *est*; & insi le Verbe ne serêt distingué de la Conjoncsion, que par un acsant: Ceux qui an uzent de la sorte font trés-bien, mês je ne l'é pas ancore ozé antreprandre: Ie l'observré à l'avenir. Et insi les Protecteurs de l'anciéne Ortografe, peuvent bien juger s'il leur plêt, que je n'estime la nouvauté, qu'autant qu'êle est trés-nécêsére, & que je ne l'afecte pas.

Il y a ancore une autre trés-grande dificulté an l'ortografe, touchant les troiziémes persônes des Prétéris inparfês des pluriels de l'indicatif des Verbes qui, selon la nouvêle Ortografe, doivent être écrites côme les troiziêmes persônes des pluriels de l'indicatif prézant, avec la seule diféranse d'un acsant circonflexe, sur le lieu des Létres retranchées, aux troiziêmes persônes pluriëles dédis Prétéris inparfês: Pour la franchir, j'écriré ils *émênt*, & non pas, ils *émoient*, ils *anségnênt*, & non pas, ils *ansegnoient*, ni aûsi *éméent*, *anségnéent*, &c. côme quelques-uns font à prézant.

On remarquera que *E* acsantüé, a pris la place de *ay* ou de *ai*, au Verbe que j'écris *émer*, & non pas *aymer*, & que *A* a pris la place de *E*, au Verbe que j'écris *anſégner*, & non pas *enſégner*.

On remarquera aûſi que j'é retranché *i*, an ce même Verbe que j'écris *ansêgner*, avec un acſant égu ſur l'*é*, & que je n'écris pas *anſeigner*, &c.

Il y auret lieu de dôner ici des inſtruxions, ſur les Verbes, touchant leurs acſidans, leurs modes, leurs tans, &c. mês cela eſt du propre ôfice des Grâmériens, ſur lêquels j'é déclaré ne vouloir rien antreprandre ; il me ſufit d'an dôner l'ouverture, pour qu'on s'an fâſe inſtruire, ſi on le dezire.

Le *t*, ſera retranché d'*écrit*, on écrira *écri*, dautant qu'on ne prononſe point le *t*. On le prononſe an *écriture*, c'eſt pourquoi il y doit être conſervé. &c.

F. L'un & l'autre des Karactéres qui ſuivent, Φ ou φ, reprezantent le *Phi* des Grecs, duquel la puîſance eſt *f*, ou *ph*; c'eſt pourquoi *f*, peut être rézonablemant anploiée par tout, au lieu de *ph*; & inſi on écrira *Filozofe*, *Filozofie*, *Fiziſien*; & non pas *Philoſophe*, *Philoſophie*, *Phyſicien*, &c.

On écrira *fin*, par les Latins *fames* avoir fin, & non pas *faim*, qui ſera diſtingué de fin, *finis*, la fin de quelque choze, par ce qui précéde, ou par ce qui ſuit, côme il eſt remarqué an l'Avertîſemant de mon Architecture Militére: *Fézan*, Oizau, & non pas *Faiſan*; *Fénéant*, & non pas *Fainéant*, &c. chanjant toûjours *ai* an ê circonflexe, ou an é égu.

On écrira, & on dira, *fâle*,

faloir, du Ve[illegible]
Latins noment *Oportet*, & non pas *faillir*, *failloit*; & on écrira *faillir*, du Verbe *Erro Errare*, par les Latins.

Fis, Anfant, & non pas *Fils*, sera distingué de, *je fis*, qui vient du Verbe Fere, par ce qui précède, ou par ce qui suit, côme il est dit &c. *Frèze*, fruit, *Frèze* d'une Persone, *Frèze* d'un Ravelin, *Frèze* d'une Bête, seront distinguées par les écris, côme par le discours.

G. *G*, & *E*, seront ôtés de ce mot *Gens*, qui signifie des Persones, pour éviter la prononciation Picarde, ou longue, on écrira *I*, au lieu de *G*. & *a*, au lieu de *e*. & insi on écrira *Ians*.

On écrira aussi *Iansive*, & non pas *Gencive*; *Grène*, & non pas *Graine*; *guérir*, *guérizon*, &c.

non *guarir*, *guarizon*, &c.

H. Pour ne pas abuzer de *H*. on s'an servira le moins qu'on poura, & pour cét éfét on écrira, *Téologie*, *Matémati-que*, *Aritmétique*, krétien, *ka-tolique*, &c. le tout sans *h*, tant qu'il sera pôsible.

I. La nouvêle Ortografe pla-ce *I*, an plusieurs mos, où l'an-siene métét le *G*. côme, pour éviter la prononsiasion Picarde, ou longue, on n'écrira point *diligence*, *diligent*, &c. mês on écrira *dilijanse*, *dilijant*, chan-jant *e* an *a*, & insi on écrira *chanjant*, pour ne pas écrire *changeant*, ni *changant*, &c. *Bourgeois*, ne sera pas changé an *Bourgés*, mês an *Bourjoes*, &c. On écrira *Ile*, & non pas *Isle*, &c. Il faut écrire & dire *Iusque*, & non pas *Iûque*, &c.

K. Qui est le Kappa des Grecs, a été par nous ci-devant, & ci-aprés anploïé an pluzieurs mos, an la place du *Q*, & an cêle du C, êtant certin qu'il y a une trés-grande diférance antre les vraïes prononsiasions de *qua*, qui est Latin, de *ca*, qui dans les élémans de l'Alfabet est prononsé côme *sa*, & de *k*, duquel la prononsiasion est trés-forte & trés-énergique, & par consékant trés-bône, & partant doit être resüe non seulemant an katéchisme, karactére, kakochime, kamaldolid, karéme, katare, katolique, mês aûsi an kachet, kare, karillon, kabaret, &c. & insi on voit que le *k* peut bien être anploïé ailleurs qu'an *kirie eleïzon*.

L. On écrira *lét*, *létüe*, *lêser* & non pas *laict*, *lectüe*, *lesser*, ni *laiſſer, lors-que.* & non *lor-que.*

Luiter & luter, qui ſont noms cõfõdus par quelques-uns de nos plus modernes Ecrivins, ſeront par nous rézonablemant diſtingués, *luiter* étant le terme qui exprime le conbat, ou le Ieu de la Luite, côme autres-fois aux Ieux Olinpiques, & ancore à prézant an Bretagne, & alieurs, & luter qui ſans *h* pourét (mal à propos) être pris pour un nom d'hôme, ou *luter* une Cucurbite, ou Cornüe, ou quelque autre Véſau, avec le lut de ſageſſe, *Lutum ſapientiæ*, ſuivant les Doctes an la Filozofie Hermetique, qui cônêsét bien aüſſi le Seau ou le Cachet, du grant Hermés.

M. On écrira *maſon*, *mézon* &c. non pas *Maçon*, *Maſſon*, *ni maiſon* &c.

On écrira *mankant*, & non pas

manquant, nî *mancant*, côme veulent quelques-uns des plus modernes &c.

N. On écrira *nin*, *nege*, *niézer*, & non pas *nain*, *neige*, *niaiser* &c. parce qu'il faut écrire côme on parle, on doit écrire *Anbâsadeur*, *Anpereur*, &c. & non pas *Ambassadeur*, *Ampereur*, &c. & insi il faut changer *M* an *N*, devant *b* & *p*.

Par la même rézon de la corespondanse de l'écriture à la parole, on ne doit pas écrire *nom* par les Latins *nomen*, dautant qu'on ne prononse point *m*, mês *n*, & insi on doit écrire *non*, sans se soucier de l'étimologie, & sans crindre qu'il fut pris pour négasion, ni sans apréhander l'équivoque, à cauze de ce qui précéde, & de ce qui suit; & néanmoins, je n'é pas ancore ozé antreprandre de l'écrire insi.

O. On écrira *économie*, *Eubée*, & non pas *œconomie*, ni *Eubοée*, Ile, &c. rejetant les diftongues, tant qu'on poura.

On écrira *on*, & non pas *l'on*, côme, pour exanple, *on* doit, & non pas *l'on* doit.

P. On écrira *Pin*, à manger, & non pas *Pain*; il sera distingué de *Pin*, Arbre, par ce qui précéde, & par ce qui suit; êtant certin que si on se fêt bien antandre an parlant, qu'on doit aûsi se fêre bien antandre an écrivant; je n'an parleré plus. Par même rézon on écrira *pois*, à pezer, *pois*, à manger.

Point, que les Latins nôment *Punctus* ou *Punctum*; & *point*, négasion, partir d'un lieu, sera parcillemant distingué de partir, ou divizer quelque choze.

Il faut dire, & écrire, *puis-aprés, puiſ-que*, & non pas *pui-aprés*, ni *pui-que*.

Il faut écrire, & dire, *pluriel*, & non pas *plurier*.

Q. Le K, ſera mis par tout, où il ſônera mieux que le Q. côme il eſt anplemant dit cy-devant.

R. *Réne* d'un Roïaume, & *rene* d'une Bride, au ſingulier, côme aûſi les *Rénes* des Roïaumes, & les *renes* d'une Bride, ou des Brides; ſeront diſtinguées, côme il eſt dit.

S. Vn *Sin*, qui eſt au Ciel, ou dans le Paradis; *ſin*, qui ſe porte bien, côme un Hôme Sin; le *Sin* d'une Fâme; *ſin*, grêſe; *ſin* de Mer; ſeront écris & prononſés l'un côme l'autre, & diſtingués côme il eſt dit: Le tout ſans ſe métre an pêne, s'il vient de *Sanctus*, de *ſanus*, de *ſinus*, *ſinueux*, ou de *ſinus*, *Sin* d'une Fâme, ou de *Pingue* grêſe; néanmoins on écrira *cint*, & non pas *cinct*, ni *ceinct*, de cindre, de *cinctus*, *cingo*, *cingere*, par les Latins: Ancore qu'un *Sot*, ſoit êcri avec un *t*, néanmoins on êcrira Mêſieurs les *Sos*, au pluriel, ſans *t*.

¶ Mês à cauze de la rudêſe de *C*, & de la douceur de *S*, êle ſera mize an baucoup de mos, an la place du *C*, ſans ſe ſoucier de l'Etimologie ou dérivaſion, ni de la pédanterie Latine; dautant que *S*, & *C*. ſônent égalemant dans les Elémans de l'Alfabet Franſés. &c.

Le reſte ſur le ſujet de *S*. eſt dit cy-devant.

T. *Tête* d'un Animal, que les

ge aux mos, *veux*, *cieux*, *jeux*, *fraxion*, *coxion*, &c. ces mos pouront aûsi être écris autremant, &c.

Y. On poura êcrire, *yeux*, *Yve*, côme S. Yve, *c'y*, *icy*, *cylindre*, *Puy*, *n'y*, &c.

Z. Le Z, sera tres-bien anploïé an pluzieurs mos, côme an, *Bize*, *frize*, *grize*, *bréze*, *bêze*, *fréze*, *tézin*, *bazin*, *donzin*, *Couzine*, *voizine*, *cuizine*, *tizon*, *gazon*, *grizon*, *Alizon*, *rezon*, *concluzion* de l'Ortografe nouvéle.

I'Estime que ce qui est dit ci-dêsus, touchant l'Ortografe Franséze, & l'ordre Alfabétique, qui est an quelque fâson observé, sur les mos, ou paroles, qui y sont conprizes, quoi qu'an trés-petit nonbre, est plus que sûfizant, pour dôner une parféte, & pronte conêsanse de céte nouvêle Ortografe, dautant que si on fét, une rézonable observasion sur les mos, dérivés, conpozés, ou sanblables, à ceux qui y sont, on an trouvera un nonbre indéfini, qui leur conviendront; & insi, si on régle l'écriture, & les paroles, selon céte nouvêle Ortografe, on se randra, an peu de tans, délicat an la Langue Franséze, tant pour parler que pour écrire, sans s'asujêtir à une multitude, autant incômode qu'inutile, de régles, qui sont écrites sur ce sujet, dans les Livres, tant ansiens que modernes; dans lêquels on voit clérement, que leurs Auteurs, s'y sont forgés pluzieurs monstres,

faux,

faux, ridicules, fantaſtiques, imaginéres, & inpertinans, dont quelques-uns métent leurs Auteurs au Roüet, parce qu'il avient ſouvant qu'ils ne les peuvent, ni vincre, ni ſurmonter, &c.

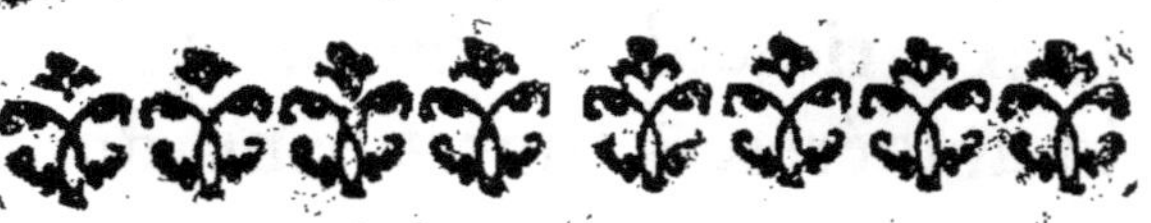

ETAT, BREF ET général, des prinsipales chozes, qui sont conprizes aux 18. Chapitres de ce Livre.

LE premier cômanse à la premiére page, apres la défirision génèrale du Ieu, il fét voir que les Ieux, & les divertisemans, réglés, honétes, & modérés, sont nécéséres: Il exorte à füir les Brelans, les Brelandiers, les mézons de débauches, les Yvrognes, les Inpudiques, les Blasféma-

teurs, les Inpies, & généralemant tous les Débauchés & Méchans.

Le 2me cômanse à la 16. page, il est antieremant contre les Oizifs, & Fénéans, il fêt voir qu'il les faut füir, plus que l'Er contagieux, & infecté, & qu'ils sont les pestes des Etas, des Roiaumes, des Republiques, & des particuliers : Le tout est confirmé par pluzieurs Maximes des plus grans Politiques, par les plus Sins Personages, par les Proféles, par les Apôtres, & méme par N. S. Iesus-Crist.

Le 3me cômanse à la 45

page, il tréte de la générale conduite & instruxion des Anfans, selon Plutarque ; duquel i'é raporté quelques paroles an Latin, & an Fransés, il m'aurét été âsés facile de fére des discours sur ce sujet, qui ne fournit que trop de soy. Cela est comun à tout le monde, & même aux plus sinples Grâmiriens, aux Métrêses d'Ecoles, & aux servantes qui sur de pareils sujés font à tous momans des rézônemans qui peuvent pâser pour bons : Més tous les Filozofes ansanble ne pourént rien dire de mieux, ni se servir de paroles plus touchantes & plus sinificatives, que sont téles de ce gran Politique & FiloZofe Plutarque. Aprés léquéles il y a quelques discours touchant les Péres, les Méres, les Gouverneurs, & les Précepteurs des Anfans, & quelques autres sur les Persônes mariées, le tout y est confirmé par de trés-bônes autorités.

Le 4me cômanse à la 68 page, il parle de diverses sortes de Ieux, & de leurs noms, il finit par l'Istoire de Palæmon.

Le 5me cômanse à la 86 page, il parle d'Oplétes, d'Hypsiphile, de Lemnos, de Vulcan, de Venus, de la Terre sigillée, de Cibele, de Claudia, de Tutia, &c.

Le 6me cômanse à la 110 page. il parle de l'origine d'Ilium, de Troïe, & de la Généalogie d'Enée.

Le 7me cômanse à la 115 page, il parle du voyage d'Enée, apres la prize de Troïe &c.

Le 8me cômanse à la 121 page. il parle de la fuite d'Elisse, qui depuis fut nômée Didon, & de la fondasion de Cartage, de la mort de Didon, &c. Auzone, S. Iérome, Macrobe, &c. sont cités an ce chapitre, & leurs autorités y sont raportées, an faveur de la généreuze Didon.

Le 9me cômanse à la 156 page, il parle de la fondasion de Rome, des Vierges Vestales, de leur pouvoir, & tres-grandes puissances, & de leurs punisions, come aussi des Feux sacrés des Ansiens, puis il revient aux Ieux: il y a an ce chapitre, des chozes béles & tres-considérables.

Le 10me cômanse à la 201 page, il contient une autre divizion des Ieux, il y a diverses circonstanses tres-curieuzes sur iceux.

L'11me cômanse à la 216 page, il trète du Ieu des Dames, il contient les Définisions, Descripsions, Explikasions, Préceptes, Anségnemans, Etilogies, &c. d'iceluy Ieu.

Le 12me cômanse à la 236 page, il raconte diverses chozés curieuzes, il parle de Palaméde, d'Iphigénie, d'Oreste, de Pilade, de Clytemnestre &c. avec pluzieurs discours, & rezonemens sur le Ieu des Dames, & sur celuy des Echés &c.

Le 13me cômanse à la 278 page, il parle des avantages, des condisions, des préceptes, & des Enségnemans du Ieu des

Dames, il cite divers grans Joüeurs de Dames, il y a divers discours sur iceux &c.

Le 14me cômanse à la 314 page, il parle des Régles générales, des Canons, des Maximes &c. qu'il faut observer au Jeu des Dames.

Le 15me cômanse à la 343 page, il contient diverses métodes de bien joüer aux Dames.

Le 16me cômanse à la 397 page, on voit an icelui divers coups tres-rémarkables, pour joüer, tant pour forser l'Aversére, que pour s'an bien défandre.

Le 17me cômanſe à la 418. page, il anſégne une métode de joüer aux Dames, an laquéle on est obligé de prandre non ſeulemant le plus fort, més aûſi du plus fort. Il finit par un kartel, que l'Auteur fét à douze des plus grans, & des plus fors Ioüeurs de Dames, du Monde.

Le 18me & dernier, cômanſe à la 432 page, il contient une métode de joüer aux Dames, ſelon laquéle les Dames ſinples, ou Pions, ne peuvent prandre les Dames damées; il contient aûſi le Ieu du Coc-Inbert, celui de la Poule, & il finit par le Ieu du Renard.

Le tout aconpagné de deux grandes Estanpes, dont l'une reprezante le Damier nu, ou sans Dames, éle est notée par Chifres: Et l'autre reprezante le Damier avec les Dames sur icelui, prêtes à joüer. Ele est aûsi notée par Chifres, côme la premiére; l'explicasion & l'intêlijanse de l'une, sert aûsi à cêle de l'autre, êles sont mizes à la fin du Livre, qui êtant ouvert, & les Estanpes dépliées, on antandra facilemant sur icelles, tout ce qui est contenu dans le Liure, touchant le Ieu des Dames.

Mon désin étet, de metre à la fin de ce Livre, un Treté des Ieux Naturels & Magiques, aconpagné d'un Treté des Labirintes : Més éant considéré que le Volume auret été trop gros, j'an féré un Livre séparé, dans lequel i'espere que les Curieux trouueront de rézônables diuertisemans.

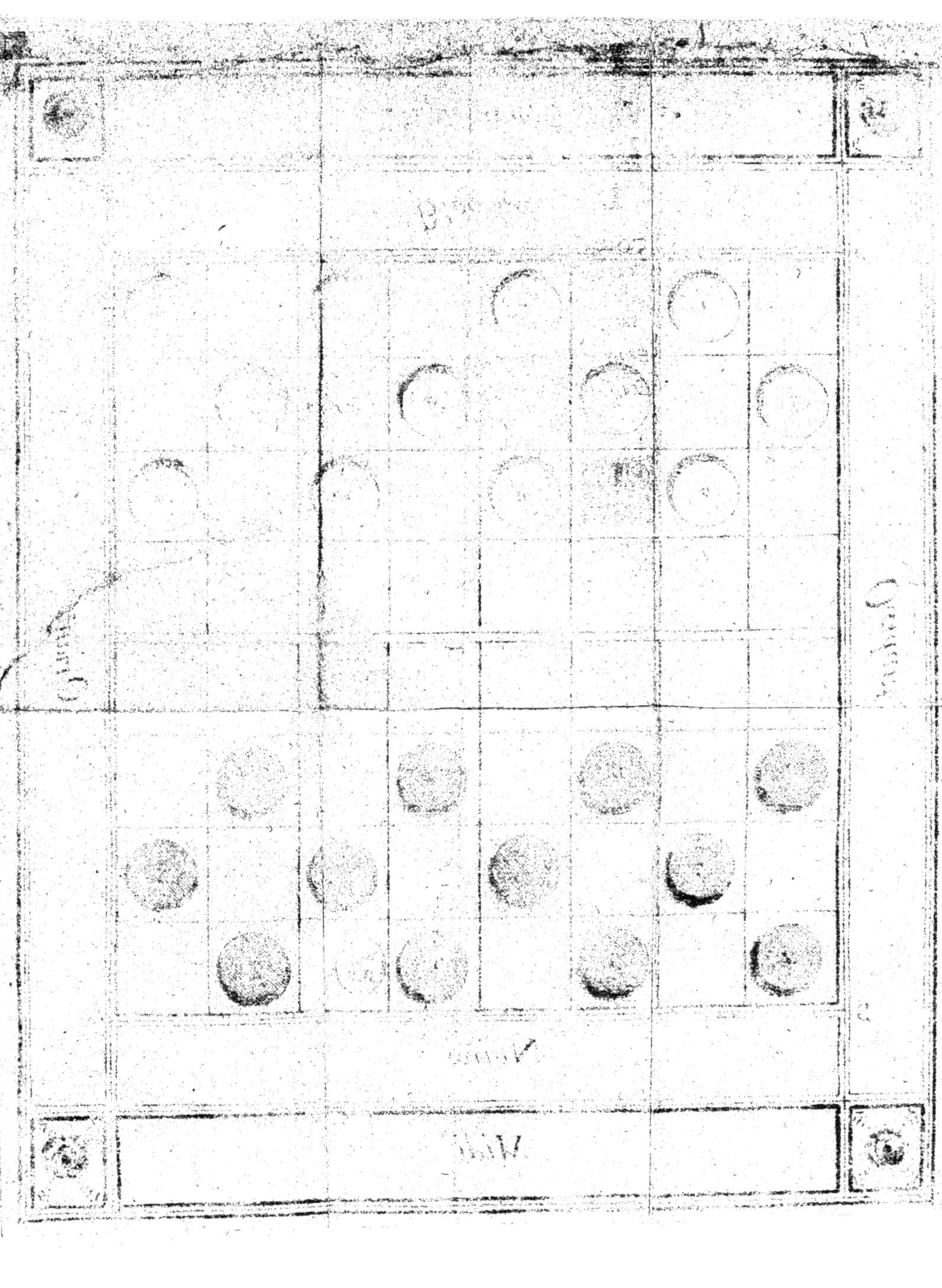

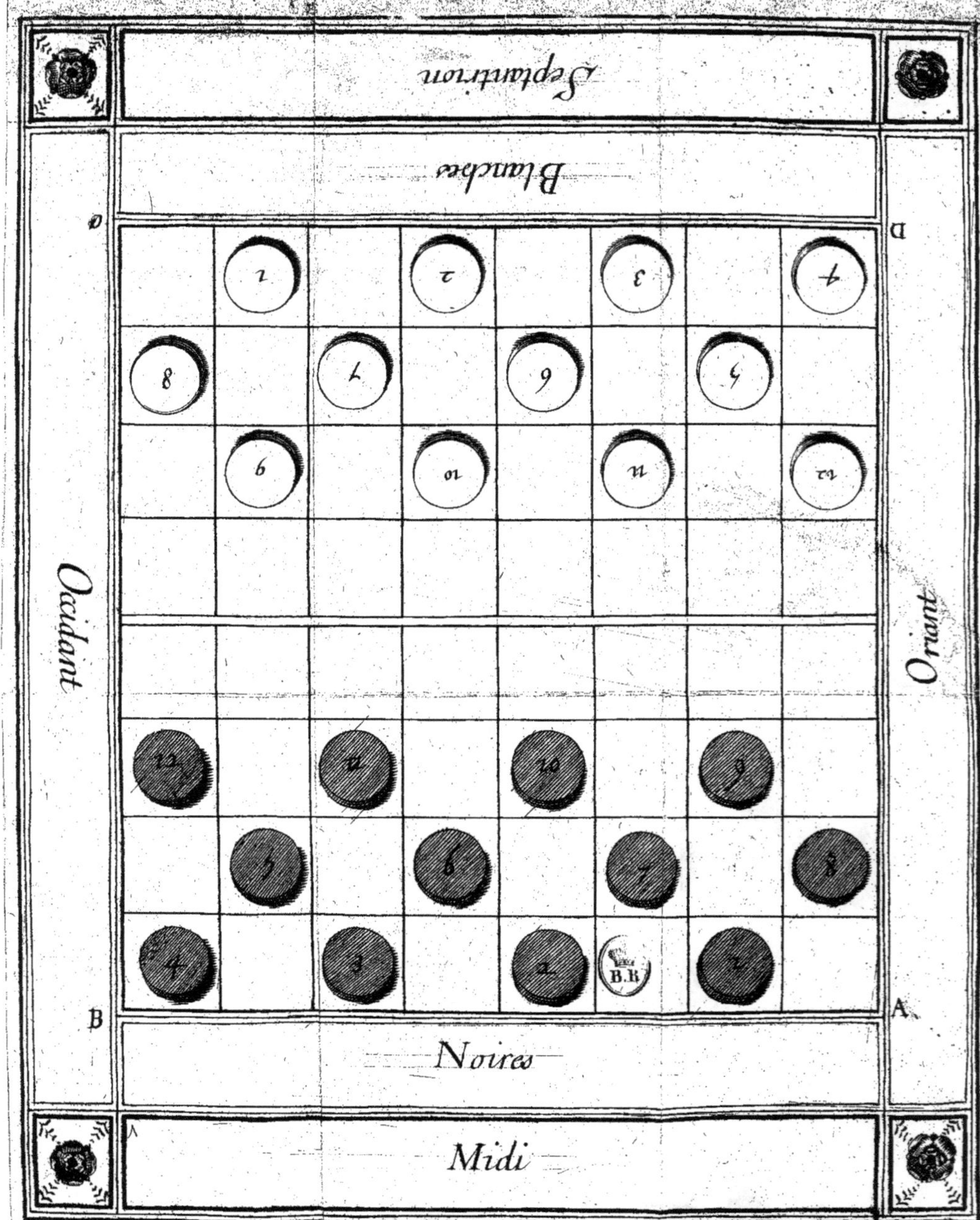
Septentrion
Blanches
Occidant
Oriant
D
A
B
Noires
Midi

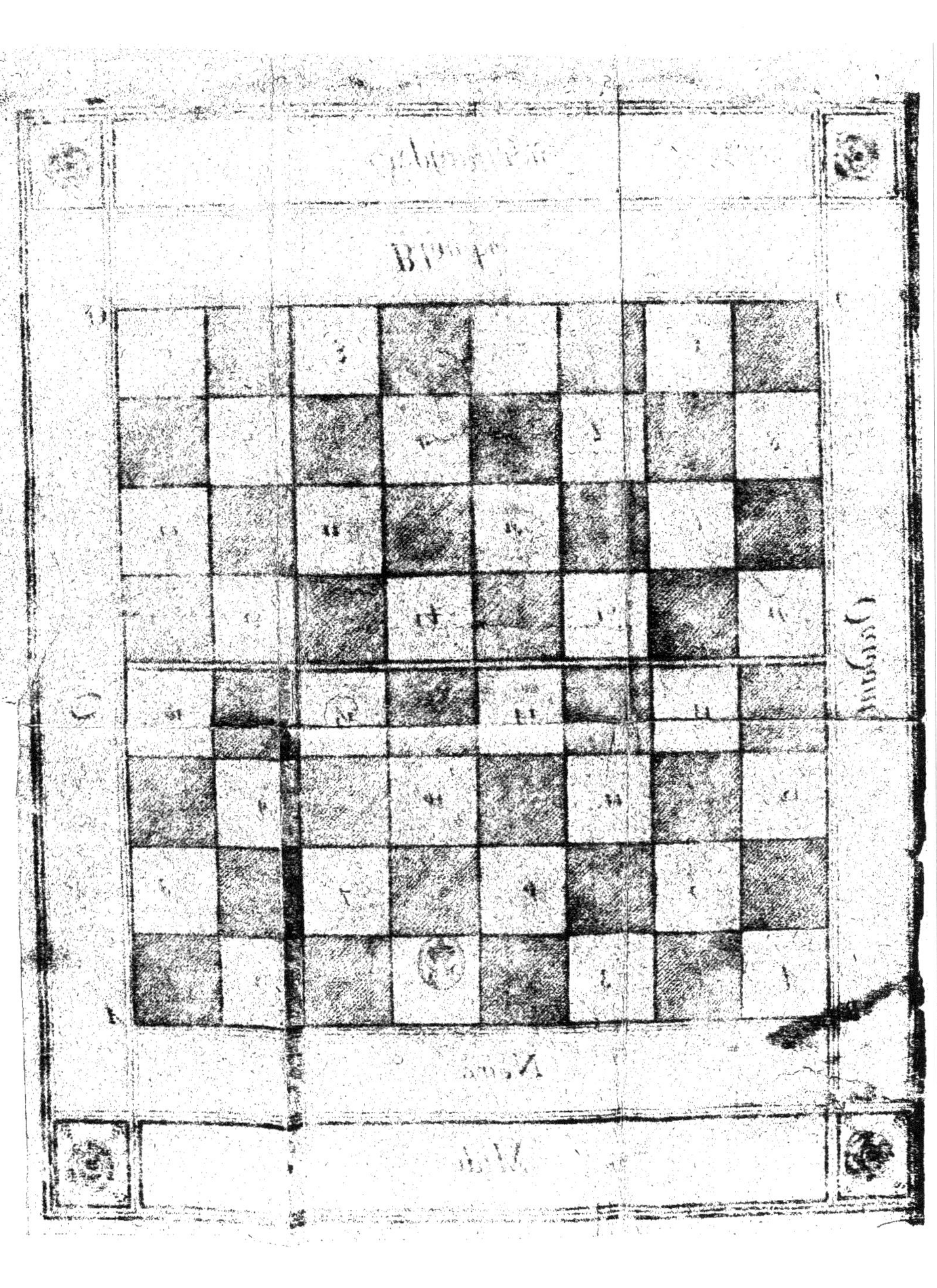

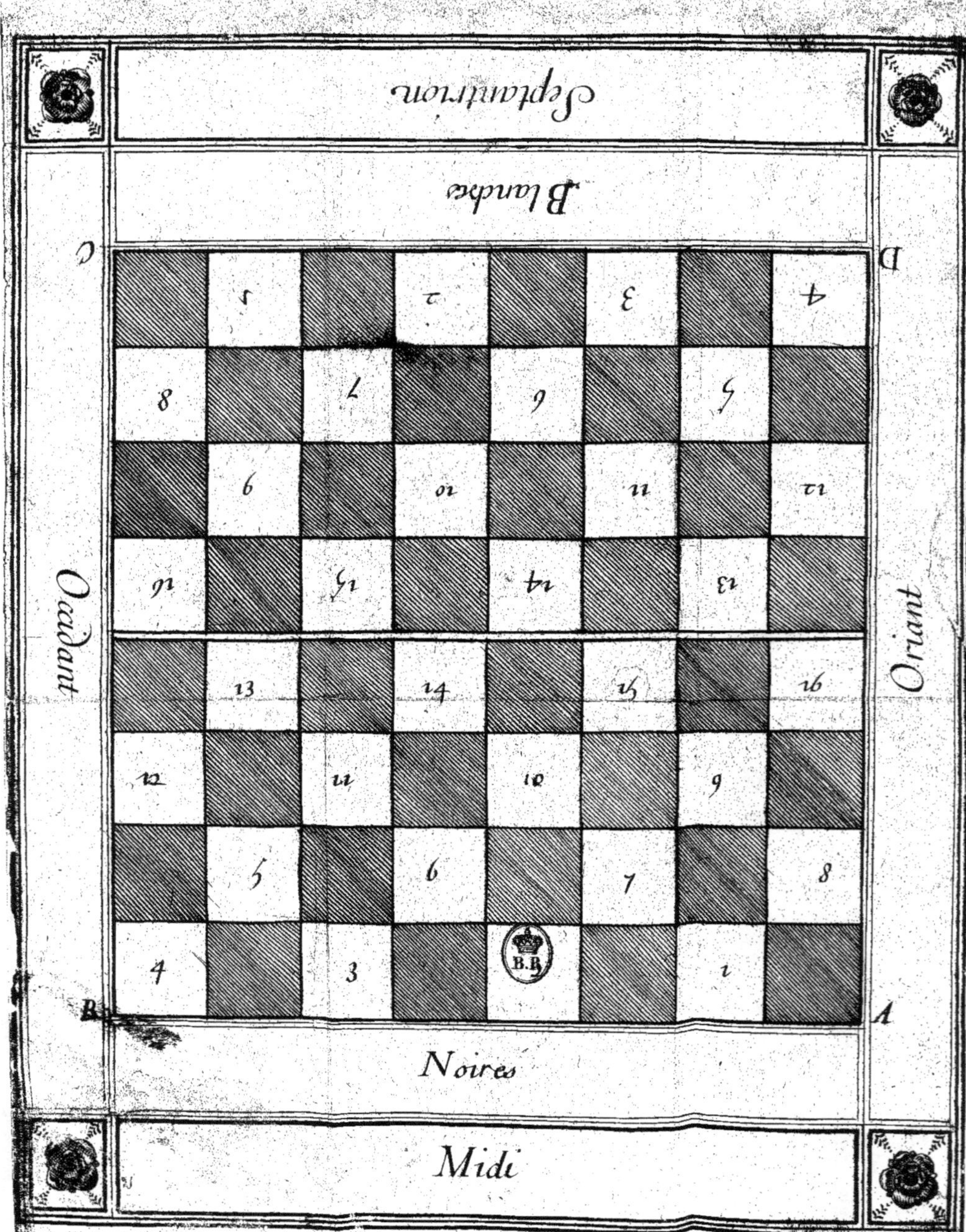
Septantrion
Blanches
Occidant
Oriant
Noires
Midi
A
B
C
D
B.R.

LE IEU DES DAMES.

AVEC TOUTES LES MAXIMES ou Régles, tant générales, que particuliéres, qu'il faut observer an icelui.

Et la Métode d'y bien jouër.

DU IEU AN GENERAL.

Chapitre premier.

DEFINISION.

IEU est une ocupasion qui récrée ou réjouït l'Esprit, ou qui exerce agréablemant le Cors, ou qui fét l'un & l'autre ansanble.

EXPLICASION.

Cette définision est générale, éle convient à tous les Ieux, & à tous les divertisemans ou récréasions actives ou pâsives, soit qu'éles procédent de l'Esprit, ou du Cors, ou qu'éles agisent sur l'Esprit, ou sur le Cors, ou qu'an méme tans éles se rancontrent an l'un & an l'autre ansanble.

Chacun sait que les Ieux modérés, ne sont autre choze que des divertisemans actifs ou pâsifs, ou du Cors ou de l'Esprit, léquels rétablisans l'un & l'autre, nous métent an état de retourner à nos exercices ordinéres, avec de nouvêles forces, selon la pansée d'Ovide, 1° *de ponto.*

Otia Corpus alunt Animus, quoque pascitur illis,
Immodicus contra carpit utrumque labor.

Ce qu'on peut dire an fransois,

Le repos antretient & le Cors & l'Esprit.

Le travail excessif fét périr l'un & l'autre.

A quoi on peut, ajoûter, que

Le travail moderé réjoüit l'un & l'autre.

Terence le Comique, parlant à un Vieillard, luy dit,

Habebis, quæ tuam senectutem oblectent.

Vous aurés dequoi vous divertir, ou vous réjoüir, & vous récréer durant vôtre vieillêse.

C'êt à dire que durant la Ieunêse, & lors qu'on est an force, an vigueur, & an êtat d'agir, on doit amâser, & fére provizion de diverses chozes, bônes & hônêtes, qui serviront à antretenir agréablemant, & avec hôneur, le Cors & l'Esprit, lors qu'on sera vieux: Ce qui est aûsi trés-bien antandu par ces Vers.

Quærere divitias debet Iuvenilior ætas.
Nutriat vnde graves cana senecta dies.

On doit des biens aquérir an Ieunêse,
Pour an hôneur pâser vieillêse.

Les bons Pilotes, & les prudans Navigateurs, font provizion durant le calme & le beau tans, de toutes les chozes qu'ils estiment être-nécêséres pour leurs conservasions, durant les tanpêtes.

Le même Comique, parlant à un sien ami, qui avoit anployé beaucoup de tans à se divertir, ou à joüer, lui dit,

Dic mihi Philotis, vbi te delectasti tam diù.

Di-moi, je te prie, mon amy, mon cher Phîlotis, où à-tu demouré si lon-tans à te divertir.

C'êtoit, ce me sanble, luy reprocher adroitemant & avec douceur, qu'il avoit perdu trop de tans à se divertir, & qu'il auroit pû l'anployer utilemant à l'étude, ou à quelque exercice nécêsére.

Hé de grace! dites-moy, je vous suplie, si une hônête persône, ne rougiroit pas d'un si doux reproche, qui lui seroit fêt par quelqu'un, qui n'auroit autre puissance d'avertir ou de reprandre, que cêle que lui pêrmet une vraye & sincére amitié? Je parle des persônes qui sont nouries & élevées dans le vrai hôneur, soit qu'êles soient nées dans la pauvreté, ou dans les richêses : Car on doit savoir qu'on peut être hônête & vertueux, an l'une aûsi bien qu'an l'autre de ces condisions ; mês je ne parle pas de ces persônes libertines & volontéres, qui sous un hôneur fint & dismulé, font gloire du vice, il faut des châtimans, plûtôt que des remontrances, pour de têles sortes de jans.

Oüy, il est constant, qu'il est bon de se divertir, & de joüer agréablemant, an certins tans, & à certênes heures, & qu'il est an quelque fâson honteux aux hônêtes jans d'ignorer les Ieux, même aux plus jeunes anfans, selon le même Ovide L. 3. *de Arte aman.*

Mille fac esse jocos, turpe est nescire puellam
Ludere.

Ansegnés-nous mile sortes de Ieux, car c'êt une choze honteuze, méme à une jeune fille, de ne savoir pas joüer.

Oüi, il est vrai, qu'il est nécêsére que les anfans, tant de l'un que de l'autre sexe, aûsibien que les persônes plus âgées, sachent diverses sortes de Ieux, parce qu'il faut quelque-fois se divertir, de Cors, & d'Esprit, avec modérasion & hôneur, & sans perdre le tans: mês il faut, côme il est dit, que ce soit seulemant pour nous randre plus actifs & plus prons, à retourner à nos exercices ordinêres.

Quod caret, alterna requiê durabile non est.

Hæc reparat vires, fessaque membra novat.

Ovid. Epi. 4.

Les exercices violans, & qui

ne sont pas mêlés de quelques repos ou récréasions, ne sont pas de longues durées, le repos répare les forces, & il les renouvele aux Cors lásés, & aux manbres fatigués.

Et ancore Ovide 1. de ponto.

Me quoque debilitat series immensa laborum.
Ante meum tempus cogit, & esse senem.

L'excêsif & continüel travail me débilite, & me fêt devenir vieil, devant le tans.

Ou par cête similitude de l'Arc à l'Esprit.

Vt enim Arcum remittimus, quo melius tendi possit, ita recreandus honesto otio Animus, ut ad labores reddatur vegetior.

Côme les bons Archers détandent leurs Arcs, aprés qu'ils

s'an ſont ſervis, pour les rebander quant ils an auront bezoin, par ce que s'ils les lêſſoient toûjours bandés ils ſe câſeroient. Il an eſt de même de l'Eſprit de l'Hôme, qui ne peut pas toûjours être ſérieuzemant ocupé, il à bezoin de quelques divertîſemans.

Arcum intentio frangit, Animum remiſſio.

Si l'Arc eſt trop tandu, l'Eſprit trop relâché.

L'un & l'autre ſe gâte.

Ariſtote dans ſes Morales, L. 4. Chap. 14. & an pluzieurs autres androis de ſes euvres, nous fêt cléremant antandre, que les Ieux & les divertîſemans, ne ſont pas moins nécêſéres à la conſervaſion de la vie, que le boire, le manger, & le dormir, & il nôme agreſte, rustique, inepte, sot, inutil &c. celui qui ne sçait pas joüer, ni se divertir, & se conporter agréablemant dans les âsanblées, & dans les honorables conpagnies: Voici ses propres termes.

Agrestis autem ille & rusticus, atque insulsus, ad taleis congressiones prorsus ineptus & inutilis &c.

Et ancore au même Chap.

Atque earum ipsarum quæ ad jucunditatem pertinent, altera in Iocis, altera in congressionibus reliquaque vitæ communitatibus vertitur &c.

Hipocrate, Avicenne, & tous les autres savans Médecins & Filozofes, n'an dizent pas moins, sur le sujet des Ieux, & des divertisemans modérés.

Il est donc trés-bon de joüer, & de se divertir, & on peut

êmer le Ieu, mês il ne faut pas être Ioüeur, ny pâser pour tel, il y à de la honte, le Ieu, ne doit pas être l'exercice d'un hônête hôme, & quoi que ce mot Ioüeur, soit indiférâmant dit de toute persône qui jouë, c'êt une fâson de parler qui est ordinére, & qu'on ne doit pas prandre à la rigueur, ni la tirer à conséKanse; on peut châser, on peut pêcher, &c. & on peut êmer la châse, & la pêche, mês il ne faut pas être Châseur, ni Pêcheur.

Qui Bestias sæpe insectantur, dit Erasme, *Bestialem Animum induunt*.

Ceux qui sont toûjours, ou trés-souvant ocüpés, à la poursuite des Bêtes sauvages, couvrent ordinéremant un Esprit brutal, & ont une Ame bestiale.

Il est trés-certin, que nôtre

eſprit ſe conforme à nos exercices ordinéres, & aux lieux, & aux perſônes, que nous frékantons ſouvant : Et c'eſt ce qui n'avient que trop aux jeunes jans, ſelon le Proverbe cômun, qui dit, que,

Commaculat pueros, fœda caterva malos.

Par les mauvézes conpagnies, les anfans ménent mauvézes vies.

Et inſi Pibrac, aprés pluzieurs graves Perſônages, tant anciens que modernes, recômande à tous & particuliéremant aux jeunes hômes, & aux anfans, de frékanter des perſônes de bônes vies, & de bônes meurs, & de fuyr, ou au moins d'éviter, tant qu'il leur ſera pôſible, les conpagnies des méchans, ce qu'il à tres-bien exprimé an ſon 33e katrin,

qui

qui nous dit,

Hante les bons, des méchans ne t'acointe,
Et mêmemant an la jeune sézon. &c.

Il est vray que nous nous randons sanblables, à ceux que nous frékantons, & à ceux avec lêquels nous voulons converser; selon ce vers,

Semper eris similis, cum quibus esse velis.

Tu seras toûjours sanblable à ceux avec qui tu és souvant, & dans la conpagnie dêquels tu te plês, & dézire être.

Tout ce qui est dit, est trés-bien confirmé, par la belle réponse de Socrate, à l'impertinante demande d'un certin jeune êtourdy.

Demande, Di-moi qui je suis?
Réponse. Di-moi qui tu fré-

kante ? & je te dirê qui tu és.

Il eſt donc vrai, qu'on devient ſanblable à ceux avec lêquels on à de grandes habitudes, & de particuliéres converſâſions; & inſi, par les frékantâſions des Yvrognes, des Inpudiques, des Blasfémateurs, & autres mêchans, on devient Yvrogne, Inpudique, Blasfémateur & mêchant, &c.

L'Orateur, *in Catili*, parlant de ces Corrupteurs de jans, & principalemant de la Ieuneſſe, dit,

Quis Ganeo, quis Adulter, que Mulier infamis, quis Corruptor iuuentutis &c.

Quel Fripon, quel Adultére, quêle Fâme infame, quel Corrupteur de jeunêſe ! &c.

Le même parlant des Brelans & Mêzons publiques, 2° *Philip.* dit,

Domus erat Aleatoribus referta plena, &c.

Cête Mézon, ce Brelan, est tout ranpli de Ioüeurs, de Filoux, de Brelandiers, &c.

Et ancore parlant des âsanblées de têles sortes de jans, *in Catil.* dit

In his gregibus, omnes aleatores, omnes adulteri, omnes impuri, impudicique versantur.

An ces Troupeaux, an ces Asanblées, sont tous Brelandiers Adultéres, Inpurs, & Inpudiques, &c.

Anfin, si selon l'opinion de pluzieurs, on défini le Châseur ordinêre être

Vna Bestia, sedens super Bestiam, & insequens aliam bestiam.

Vne bête, âsize sur une bête, qui poursuit une autre bête.

De quêle sorte de parler, & de

quels termes ſe ſervira-t'on, pour définir les Brelandiers, les Filoux, les Yvrognes, les Adulteres, les Blaſphémateurs, les Impudiques &c.

CHAPITRE II.

Contre les Fénéans & Oizifs.

CE ne ſont pas ſeulemant les Conpagnies des jans dont il eſt parlé au chapitre précédant, qu'il faut éviter, & pour lêquêles on doit avoir une extréme averſion. Il faut aûſi fuir cêle des fénéans, autant ou plus qu'on fêt l'êr contagieux ou anpeſté, car certénemant ils ſont les pestes des E'tas, & des Républiques, ils cauzent les pertes, & les rüines totâles, non seulemant des particuliers, mês aûsi des familles antiéres, parce que leurs fénéantizes les incitent, les portent, & les poûsent â toutes sortes de mauvézes pansées, de vices, de débauches, d'infâmies &c. Ce qui est confirmé par les plus grans Politiques, qui dizent, & qui font pâser pour une trés-constante vérité, & même pour Axiome, que

Ad fœdas libidines, nulli magis proclives sunt quam Otiosi.

Que les Fénéans ont plus d'inclinâsion que tous les autres hômes, aux plus détestables vices, & aux plus infâmes voluptés, côme il est cléremant exprimé par Ovide 1° *de Remed. Amo.*

Otia si tollas, periere Cupidinis arcus,
Contemptæque jacent & sine luce faces.

Oté l'oziveté, Cupidon n'aura plus de puîsance, son Arc sera san-force, on se moquera de ses fléches, & son flanbeau sera san-lumiére, &c.

Et ansuite le même,

Quæritur Ægistus quare sit factus Adulter?
In promptu causa est, Desidiosus erat.

On demande pourquoi Ægistus s'est fêt adultére? la réponce est pronte, il êtoit fénéant.

Et ancore Ovide 6e Elég.

Cernis ut ignavum corrumpant otia corpus.
Vt capiant Vitium ni moveantur aquæ.

Le loizir parêseux, côron bien

tôt le cors.

Les croupîſantes eaux, ſont bien-tôt côronpuës &c.

Les Fenéans, ſont trés-bien conparés aux Bourdons, ou Frêlons, ils rêſanblent aux Mouches à miel, mês ils ſont plus gros, ils ont le vantre plus gran, ils mangent toûjours, ils ne travaillent point, ils devorent le miel que les bônes Mouches fôt, ils conſôment les Moiſſons qu'ils n'ont point ſemées, les Latins les nôment *Fuci*, de *Fures*, qui ſinifie Lârons ou Vôleurs, par ce que ne vivans pas de leur travail, ils vivent de vols, de rapines, & de ce qu'ils peuvent âtraper à ceux qui travaillent. Les nobles & laborieuzes Avétes les ayant recônus, les tuënt ſans aucune remiſion; & il eſt à remarquer qu'une bône mouche ne devient jamês Frêlon. Insi les Fénéans & Oizifs, doivent être exterminés, ou au moins châsés des E'tas bien polisés, des Républiques, des Familles, &c.

Chés les Romins, les plus vieus, & les plus jeunes, travailloient, on n'y soûfroit point de Fénéans, ils étoient condânés par l'Edit Prétorial, *Erant odiosi Iuri.*

Ils étoient trés-indignemant trêtés à Athénes, & à Sparte, côme aûsi chés les Gimnozofistes, les Bracmanes, les Drüides, & chés tous les autres Sages,

Apud Athenienses, Draco, Otiosos voluit interfici.

A Athénes, ils étoient mis à mort, côme les Voleurs, & infames Séléras, selon les Loix de Dracon, leur plus ansien Legislateur.

Du tans de l'Anpereur Marc Auréle.

Ad Publicum opus damnabantur.

Ils êtoyent condânés aux Ouvrages publics.

Le ſage Solon.

Inertes in Forum trahi voluit tanquam facinoroſos.

Vouloit que les Fénéans, fûſent expozés dans les Marchés, & Places publiques,& qu'ils fûſent trêtés côme les déteſtables Criminels.

Les Gimnozofiſtes vouloient, que

Inpranſi ad Opus foras trudebantur, qui ante prandium otiati eſſent.

Que ceux qui n'avoient point travaillé durant la matinée, ne mangeâſent point durant tout le jour,& qu'ils fûſent côme Infames, Lâches & Kokins menés par force aux travaux publics.

Les Téologiens, les Filozofes, & tous les Politiques, Pacifiques ou Guerriers, tant anciens que modernes, déclament contre les Fénéans. Ils dizent que la Fénéantize, est l'invantrice, la Sourse, la Pépiniére, & la Mére nourice de tous les vices, & que l'Exercice & le Travail, sont des sujets d'hôneur, & de gloire, qui anjandrent, & qui sont les Péres, & les Producteurs des Ars, des Sianses, des Vertus, & de toutes les bêles chozes.

Tout ce qui est dit ci-devant est autorizé par pluzieurs pâsages de la Sinte Ecriture, par lêquels l'Exercice & le Travail nous sont trés-exprêsemant cômandés: Et Sînt Paul an la seconde aux Tésalonisiens, Chap. 3. dit an termes exprés, Qu'il se faut séparer de tous ceux qui vivent dézordônémant. & non pas, selon les Préceptes & les Cômandemans qu'il nous an a dôné, il dit, que celui qui ne travaille point, ne mange point. Vous an voyés ici les propres termes, an Latin, selon la vulgate, & an Fransois, selon la cômune traducsion.

Denuntiamus autem vobis Fratres, in nomine Domini nostri Iesu Christi, ut subtrahatis vos ab omni fratre ambulante inordinate, & non secundum traditionem quam acceperunt à nobis. Ipsi enim scitis quemadmodum oporteat imitari nos, quoniam non inquieti fuimus inter vos, neque gratis panem manducavimus ab aliquo, sed in labore & in fatigatione nocte & die Operantes, ne quem vestrum gravaremus. Non quasi non habuerimus potestatem: Sed ut nos metipsos formam daremus vobis ad imitandum nos. Nam & cum essemus apud vos, hoc denuntiabamus vobis, quoniam si quis non vult operari nec manducet.

Fréres nous vous dénonsons, au nom de nôtre Ségneur Iésus-Christ, de vous séparer de tous les Fréres qui cheminent dézordônémant, ou qui ne cheminent point selon la tradision qu'ils ont resũë de nous. Car vous mêmes savés côme il faut que vous nous ansuiviés: Car nous ne nous sômes point portés dézordônemant antre vous, & nous n'avons point mangé le pĩn d'aucun pour néant, mês an labeur & an travail, travaillant nuit & jour, afin de ne grever aucun de vous. Non point que

que nous n'ayons la puïſance, mês afin de nous dôner nous-même pour exanple ou patron an vôtre androit, pour nous anſuivre. Car aûſi quãd nous êtions avec vous, nous vous dénonſions que ſi quelqu'un ne veut travailler qu'il ne mange point.

Tout ceci eſt contenu aux Verſés, 6, 7, 8, 9, & 10. de la 2e aux Têſſaloniciens, chap. 3. côme il eſt dit ci-dêſus.

Et ancore Sint Paul, Chap. 4. Verſet 11, & 12. de la premiére aux Têſſaloniciens, dit.

Rogamus autem vos fratres, ut abundetis magis, & operam detis, ut quieti ſitis, & ut veſtrum negotium agatis, & operemini manibus veſtris, ſicut precipimus vobis, & ut honeſte ambuletis ad eos qui foris ſunt, & nullius aliquid deſideretis.

Freres, nous vous prions qu'abondiés de plus an plus, & que vous viviés péziblemant, & & que vous fasiés vos propres âféres, & que vous travailliés de vos mins, côme nous vous avons cômandé, afin que vous vous conportiés hônêtemant anvers ceux qui sont de dehors, & que vous ne convoitiés rien d'autruy.

Et, de plus au Titre,

Sint Paul ne veut plêre qu'à Dieu, ne flâte persône, travaille des mins.

Verset 9e Vous vous souvenés mes fréres, de la péne & de la fatigue que nous avons soufers, & côme nous vous avons prêché l'Evangile de Dieu, en travaillant jour & nuit, pour n'être à charge à persône &c.

Les précédantes parôles sont

de l'Apôtre Sint Paul, cêles qui ſuivent ſont de nôtre Ségneur Ieſus-Chriſt.

An Sint Mathieu Chap. 7. Verſet 16. il eſt dit,

Nolite dare ſanctum canibus, neque mittatis margaritas veſtras ante porcos, ne forte conculcent eas pedibus ſuis, & converſi dirunpant vos.

Ne dônés point les choſes Sintes aux Chiens, & ne jêtés point vos perles, ni vos pierres préſieuzes devant les pourceaux, de crinte qu'ils ne les foûlent aux piés, & que ſe retournans ils ne vous déchirent.

Et ancore an Sint Mathieu, Chap. 15. Verſet 26.

Non eſt bonum ſumere panem Filiorum & mittere canibus.

Il n'eſt pas bon de prandre le pin des Anfans, & le jêter aux Chiens.

Les explicâsions des parôles du Ségneur, prononcées par l'Apôtre, sont Historiques ou Literâles, selon les précédantes exprêsions; mês selon le sans Tropologique ou Moral, êles sont bien antanduës, de ces persônes arogantes, fiéres, & prézumptüeuzes, & ordinéremant trés-ignorantes, & qui demeurent volontéremant, & presque toûjours dans leurs erreurs, & dans les déréglemans de la vie, & de la croyance, touchant la Religion, ces sortes de jans ne veûlent pas être repris, les bons avertîsemans par lêquels ils devroyent étre portés au bien, les excitent au mal, ils sont rebêles à la rézon, les vérités les ofansent & les transportent aux eccés, les Sintes & divines parôles anbrâzent le feu de leur couroux, au lieu de l'êtindre, ils rêſanblent à ces extravagans animaux, qui antrent an fougue aux ſons des plus melodieux Inſtrumans, que les bônes Muziques dézeſpérent, & que les bônes odeurs êtoûfent, & font mourir. Origéne. Sint Auguſtin. du Belley.

Et de plus nôtre Ségneur Iéſus-Chriſt, ne dit-il pas an termes formels, & exprés, par la bouche du Proféte Royal David.

Pauper ſum ego, & in laboribus à Iuventute mea. Pſal. 87. Verſ. 16.

Ie ſuis pauvre, & je ſuis dans les fatigues & dans les travaux, depuis ma plus tandre jeunêſe.

Les Pauvres & les Riches doivent donc travailler, à l'imitâſion de nôtre Ségneur Iéſus-Chriſt, & les Pauvres ont un trés-gran & trés-digne ſujet, de prandre an pâsiance, leurs travaux, leurs fatigues, & tous leurs laborieux exersices, à l'imitasion d'un si gran Mêtre, qui déclare lui-même par ces sacrées Paroles, Qu'il est pauvre, & qu'il a toûjours été dans les fatigues, & daus les travaux, dés sa plus tandre jeunêse.

Les Livres de tous les Politiques & Docteurs de l'Eglize, sont ranplis de trésbeaux ansségnemans & préceptes, contre les Libertins, les Fénéans, & Oizifs; soit qu'ils soyent riches ou pauvres: Ils dizent, qu'ançore qu'il sanble que Sint Paul, cômande le travail, à ceux qui sont pauvres, afin que par le moyen d'iceluy, ils gagnent leurs vies, ou s'êforsent de la gagner, pour qu'ils ne soient à charge, à persône, côme il déclare lui-même qu'il a fêt, & qu'à ce sujet il a travaillé jour & nuit, quoi qu'an éfet il ût la puîsance de vivre autremant, côme êtant Apôtre de Iésus-Christ, catéchizant, instruizant, & Prêchant par tout, la Parole de Dieu : Néanmoins il a travaillé jour & nuit pour gagner sa vie, & n'être à charge à persône, & pout servir d'exanple à tout le Monde : C'est pourquoi les Riches ne sont point ecceptés ni exans dutravail, au contrére à l'imitâsion de S. Paul, ils doivent travailler, & ils n'an peuvent pas être dispansés, pour quelque cauze que ce soit, ni même sous le prétexte des Dévosions, Priéres, Ieûnes & Orézons. Ce sont les opinions de Sint Bazile, de Sint Bernard, de Sint Fransois, du grand Albert Patriarche de Iéruzalem, de S.

Augustin, &c. Ils dizent tous, Que sous le prétexte des Dévosions, Priéres, Ieûnes & Orézons, il ne faut point abandôner le travail des mins, ou celui duquel on est capable, selon la force, la dextérité, & la puîsance qu'on a, tant du Cors que de l'Esprit, & qu'il ne faut pas que ce soit pour la convoitize, ou pour la vanité, de recevoir le prix de son trauail; mês pour le bon exanple, à l'imitâsion de Sint Paul, & pour bânir l'oiziveté, qui est l'énemie mortêle de l'Ame. Ils nous dizent an termes trés-exprés, Aprés vos Priéres vous travaillerés & ne demeurerés point Oizifs, & vous serés âtantifs à vôtre travail, & à vos exercices, afiu que le Diable vous trouvant toûjours ôcupés, ne puisse avoir aucune antrée an vos Ames, car il se serviroit de vôtre Oziveté; côme d'une porte pour y antrer.

Il est ancore dit an termes exprés, qu'il n'apartient point à toutes persônes, de quêles Calités ou Condisions êles soient, de manger leur propre pin sans travailler, & qu'il n'y a que ceux qui travaillent qui soient dignes de le manger, & que ceux qui le mangent sans travailler, le mangent indignemant.

Si ceux qui sont riches, & de hautes nêsanses ou condisions, ne peuvent pas dignemant manger leur propre pin sans travailler, ou sans contrevenir aux préceptes de la Sînte Ecriture, que peut on panser, & que peut on dire, de ceux qui êtans pauvres, demeurent dans l'oziveté, & dans la fénéantize, & vivent du pin, & du travail d'autruy ? Car ancore qu'il ſoit vrai, que les divins Cômandemans, dêfandent l'Oiziveté, & obligent tout le Monde au travail : C'eſt néanmoins à ceux qui ſont êfectivemant pauvres, qu'il eſt plus exprêſémant cômandé, & aû-quels l'Apôtre s'eſt dôné lui-même pour exanple : C'eſt pourquoi tous les Interprétes, dizent que ceux qui n'ont aucuns biens pour vivre, ſoit que les êans tous dônés aux Pauvres ; ils ſe ſoient volontéremant fêt pauvres, ou qu'ils ſoient devenus pauvres par accidans, côme par les tranblemans des Terres, Inſandies, Tanpêtes, Naufrages, ou autres périls, ou accidans de la Mer, ou par les rüines & ravages des autres Eaux, côme par les débordemans des Fleuves, ou des Riviéres, ou même par les déréglemans des Tans & des Sézons. Mês bîen plû-tôt, côme c'eſt l'ordinére, par les déréglemans de la vie, & par les débordemans des meurs, &c.

Mês de quelque ſorte que ce ſoit, qu'on ſoit tonbé dans la nécêſité, & qu'on ſoit devenu pauvre, ou même qu'on le ſoit de nêſance, ce qui n'eſt aûſi que trop ordinére. Il faut que le Pauvre travaille aûſi bien que le Riche, l'un par vertu, & pour le bon exanple, & l'autre par la nécêſité qu'il a, à gagner ſa vie, pour ne pas vivre lâchemant du travail d'autrui, & l'un & l'autre pour obéïr & ſatisfaire aux préceptes, & aux cômandemans de l'Apôtre, & à la divine volonté, & on doit ſavoir, que celui qui n'a aucun bien, & qui vit aux dépans d'autrui ſans travailler, eſt un lâron, parce qu'il vit dans une Oiziveté pleine d'injuſtice, & il ne peut être inſi nouri & antretenu, que de ce qui eſt ſouſtrêt aux autres, & il eſt certin que le bien qu'on tire & qu'on anléve par une injuſte ſouplêſe, & qui eſt apliqué, à une lâche & Oizive nécêſité, n'eſt pas moins un vol, que celui qui eſt fêt par violance, ou de vive force. Et côme l'Apôtre veut, qu'on fuïe la converſâſion & le rancontre des Excômuniés, des Voleurs, Lârons, Brigans, &c. Il veut pareillemant, qu'on fuye ceux qui vivent dans l'Oiziueté, & qui mangent le pin qu'ils ne gagnent pas, d'autant qu'ils ſont vrais lârons, & ravîſeurs du bien d'autrui. S. Auguſtin ſur Origéne, du Belley ſur l'un & l'autre.

Tou-

Toutes les Loix, divines, & huménes, sont expresses, tant contre les Oizifs & Fénéans, que contre ceux qui leur dônent, les antretiênent, & les font subsister, d'autant que les uns pêchent au moins contre la Iustice Cômutative, & les autres contre la Distributive; parce que les uns resoivent sans dôner, & les autres ôtent les biens, à ceux à qui ils apartiênent légitimemant & de droit, côme pour exanple, à Eux-mêmes, à leurs Fâmes, à leurs Anfans &c. pour les dôner aux Fénéans & Oizifs, à qui ils n'apartiênent point, ils le font néanmoins par un bon principe, fondé an Charité, Pitié, Miséricorde, &c. mês tous les Péres, & Docteurs de l'Eglise, nôment perverse, injuste, déréglée, crüelle, & detestable; la miséricorde de ceux qui dônent aux Fénéans, d'autant que par cête pernicieuze libéralité, ils les nourîsent & les antretiênent dans leur Oizivété, qui est la grande source des vices, & l'origine de tous les malheurs : C'est pourquoi par le moyen de cête lâche & môle pitié, ils les anpêchent de se retirer de leurs Fénéantizes, & de se porter à quelque travail & exercice hônête, soit du Cors, soit de l'Esprit, pour tâcher par le moyen d'icelui de se nourir & antretenir, & n'être à charge à persône : Et insi ils leurs ravîsent la félicité éternêle qui n'est promize qu'aux Laborieux, Origéne an ses Homelies, S. Ambroize an ses Cômantéres, & Epîtres, Sint Augustin son Dîciple, an ses Rétractasions, Sint

Bernard an ſes Sermons, du Belley Ouvrage des Moines.

Ie termineré ces Diſcours & rézonemans contre les Fènèans, par quelques-uns de ceux du Pére Sérafique Sint Franſois, qui au quinziéme Apothegme de ſes Opuſcules, dit que

Opuſcul. Seraphici P. Franciſci Apothegmate xv.

Muſcis eſſe ſimiles Religioſos otio vacantes,

Les Réligieux qui ſont fénéans, & qui s'abandônent à l'oiziveté, rêſanblent aux mêchantes Moûches. Et anſuite il dit,

Fratrem quendam otioſum, huc & illuc-que vagantem, aliorumque labores manducantem, à conſortio fratrum expulit, dicens.

Vn Frére qui eſt oizif, & qui

va vagabondant d'un lieu, ou d'une mézon à l'eutre, an mangeant le pin, & les biens qui proviênent du travail d'autrui, doit être châsé de la Cômunauré, & de la Conpagnie des Fréres : Et S. Fransoit lui dit,

Vade viam tuam Frater.

Alés, pâsés vôtre chemin Frére.

Musca, quoniam vis comedere laborem Fratrum tuorum, & otiari in operibus Dei, sicut fucus, apis atiosa, & sterilis, quæ non operatur, nec laborat, sed comedit laborem & lucrum bonarum apum, &c.

Parce que vous êtes côme une mêchante Mouche, vous voulés manger les biens qui proviênent des labeurs de vos Fréres, & être Oizif aux êuvres de Dieu, côme le Bourdon, qui est une Mouche Oizive, qui ne produit rien de bon, & qui ne travaille point, mês qui mange le profit, qui procéde du travail des bônes mouches, &c.

De ce qui est dit il ſuit, que S. Franſois, ètoit grand ênemi de l'Oiziveté, & des Fênéans, il les conpare aux bourdons ou mêchantes Mouches, il les nôme fréres mouches, c'est à dire dîciples du Diable, qui est apêlé mêtre Mouche, & pére de la Fénéantize des Fénéans, & de l'Oziveté, qui est la ſource & l'origine de tous les vices, côme il est dit ci-devant, & inſi à l'imitaſion de S. Franſois, on doit dire à celui qui est Oizif, & qui veut manger le pin, ou le bien d'autrui ſans ttavailler.

Vade viam tuam Frater &c.

Alês, pâſés vôtre chemin Frére. &c.

Sint Bonavanture Pére de l'Eglize de l'Ordre de S. Fransois, Evêque d'Albanie & Cardinal, an dit autant aux Oizifs & Fénéans. Ce gran S. conpozoit des Livres qu'il vandoit pour vivre, tant pour n'être à charge à persône, que pour ne pas vivre aux dêpans d'autrui.

S. Benoît, an sa Régle ordône à ses Réligieux, sêt heures de travail manüel par chacun jour, sans que pour cela ils soient dispansés, des Priéres, Ieûnes, & Orézons, ni des Ofices de l'Eglize &c.

Si selon Sint Paul, S. Fransois, Sint Bonavanture, Sint Benoît, & tous les autres Sints, Docteurs & Péres de l'Eglize, declarés ci-devant, & même selon nôtre Ségneur Iesus-Christ, les Réligieux & tous les Réguliers, Cénobites ou Hermites, ſont obligés au travail manuël, pour ne pas vivre aux dêpans d'autrui, & n'être à charge à persône, & ce à l'imitaſion de S. Paul. Que peut-on juger, & que peut-on dire des Séculiers, qui ſont dans la Fénéantize & dans l'Oizivetė, & qui vivent du travail d'autrui, &c.

Mês c'eſt trop s'arêter ſur le Chapitre des Fénéans, Oizifs, & Libertins, je les abandône pour finir par quelques paſages de la Sinte Ecriture, des Sins Péres, & des Politiques.

Les Fénéans, & les Libertins, ſont les peſtes des Cômunautés, des Républiques, & de tous les Etas, & c'eſt à bon droit, qu'ils ſont rejetés de tous les Ians de bien.

Les Fénéans, & les Libertins,

violent incêsâmant les Loix de la Police, & cèles de la Religion, qui sont les plus fors liens de la société humène.

Les Fénéans, & les Libertins, sont les plus grans ouvriers d'iniquité

Aux Proverbes du Sage, les Fénéans sont ranvoyés à la fourmi, & par le même la Fâme est loüée, & baucoup estimée, de ce qu'êle travaille, & de ce qu'êle ne mange pas son pin an Oiziveté.

An Sint Mathieu, l'Evangile apêle lâche, & maûvés Serviteur, celui qui ne fêt point profiter son Talant.

Les Fénéans, & les Libertins, pervertîsent le sans des parôles Apostoliques, & de toute la Sinte Ecriture, pour les randre favorables à leurs Libertinages & Fénéantizes &c.

CHAPITRE III.

De la générale Conduite des Anfans.

POur que les Anfans, tant de l'un que de l'autre ſexe, ne vivent pas dans l'Oiziveté, & qu'ils ne tonbent pas dans les vices, qu'êle tire nécêſéremant aprés êle, on les acoûtumera dés leur plus tandre jeunêſe, aux Etudes, & aux Ars, chacun ſelon ſa condiſion, & la puîſance de ſon Eſprit, & pour y dautant mieux réûſir les Péres, Méres, Parans, Précepteurs, Gouverneurs, Directeurs, &c. ſe ſerviront de bônes parôles, & d'une douce & rézonable conduite, & non point de la force, ou violance, ni des cous. Côme nous lizons chés Putarque, au Trêté côme il faut nourir les Anfans, duquel j'ai ici exprêsemant râporté quelques pâsages, tant an Latin, qu'an Fransois, pour les cômodités de ceux qui s'an voudront servir : Le Latin est de la Version de Xylandre : Ie ne me suis pas antiéremant âsujéti à la lêtre, an la traducsion Fransoize.

Sic itaque dico, ad liberalia studia adducendos esse Pueros verbis abhortationibusque, non me-hercle verberibus; aut contumeliosa tractatione. Hæc enim servis magis quàm liberis conuenire videntur: Torpéntque & abhorrent sic tractari à laboribus, partim ob dolores plagarum, partim ob contumelias. Lauda-

tiones autem & vituperationes, quamvis contumeliosa tractatione plus valent apud ingenuos: Illæ ad pulchra incitantes, hæ, à turpibus arcentes. Alternis porrò vicibus increpationes & collaudationes sunt adhibendæ, vt & cùm exultant animi, reprehensionibus ad pudorem redigantur: Et cùm dejecti sunt, rursus laudibus erigantur. Imitandæque in hoc genere nutrices, quæ Infantes quum ad fletum provocarunt, rursum vt consolentur mammam præbent. Est verò ex vsu, eos non inflare & ad superbiam extollere nimijs laudibus. Nam harum excessum vanitas quædam & luxuria animorum comitari solet. Ac vidi ipse Patres quibus nimius amor causa fuit ne amarent vere? utque intelligi poßit quòd dico,

Exemplo rem faciam dilucidiorem. Dum festinant eò vt filij ipsorum primas in omuibus rebus ferant, immodicos eis imponunt labores. Ad quos ij animo elanguescente deficiunt, ærumnisque alioquin opressi, doctrinam æqua mente non admittunt. Quo enim modo stirpes mediocribus aquis aluntur, abundantibus suffocantur: Eodem animus etiam moderatis cressit laboribus, nimijs obruitur. Danda est ergo pueris à continentibus laboribus respiratio: Idque in animo habendum totam nostram vitam in remissionem esse. seriúmque studium divisam. Quam ob causam non vigilia modò, sed & somnus inventus est! neque Bellum duntaxat, sed & Pax: Neque sine serenitate tempestas: neque seria negotia tan-

tantùm, ſed & feria utque unam inſummam contrahamus, requies laborum eſt condimentum. Neque in animalibus ſolis ſed & rebus anima carentibus, id deprehendas. Nam & Arcus & Liras remittimus, ut intendere poſſimus. Atque in univerſum ſervatur corpus impletione atque vacuatione, animus autem remiſſione & labore.

Ie dis que c'eſt par les parôles, & par les rémontrances, qu'il faut inciter les Anfans à l'étude des bônes Lêtres, & non pas par coûs de verges, ni par aucuns indignes trêtemans, les rudêſes & les violances peuvent au beſoin être exercées ſur les indignes Eſclaves, & ſur les mêchans ou criminels, & non pas ſur les Anfans, ni ſur les Perſônes de libres nêſances, qui abhorrent les coûs; tant acauze des douleurs qu'ils an soûfrent, que par la honte qu'ils an resoivent, les loüanges, & les blâmes ont plus de puîsance sur les Espris dociles & ingénus, que les coûs ausquels ils s'andurcîsent, & qui les randent hébetés, leur font haïr les Etudes, & les Exercices. Par les loüanges les bons Anfans se portent facilemant au bien, & s'abstiênent du mal; & insi an certénes ocazions on fera bien de les reprandre, & an d'autres de les estimer: Et an cela il sera bon d'imiter les Nourîses qui quelquefois, & pour de certénes considérasions font pleurer leurs Anfans, & peu aprés êles leur prézantent la mamêle pour les consoler. On observera qu'il ne faut pas dôner trop de loüanges aux Anfans, de crinte qu'ils n'an abuzent, & qu'antrans an prézonpsion ils ne veulent plus êtudier, ni travailler. I'ê vû des Péres, qui pour trop émer leurs Anfans, ne les êmoient pas d'un vrai amour, ils les ont anfin haïs. Vn Exãple éclercira ce discours, par le gran dézir qu'ils avoient, que leurs Anfans fûsent les premiers, & les plus parfês an toutes chozes, ils les contrégnoient d'êtudier & de travailler excêsivemant, de têle sorte qu'ils suconboient au travail, ils deuenoient mélancoliques, & malades, & anfin ils mouroient, ou se fâchans de cét excêsif travail, ils haysoient les Etudes, & les Exercices : Car côme les Herbes & les Plantes, qui sont modérémant arozées croîsent & profitent beaucoup : Et qu'aucontrére êles ſe noyent & periſſent ſi on leur dône de l'eau an trop grande abondance. Il an eſt de même de l'Eſprit, qui ſe fortifie par les Etudes, & par les Exercices modérés, & qui ſe pert s'ils ſont trop violans. Il faut dôner aux Anfans, le loizir de reſpirer, & de reprandre haléne, & ce par quelques hônêtes divertîſemans & récréaſions. Car la vie de l'Hôme, eſt mêlée de travail & de repos, la Nature nous a dôné le veiller & le dormir, la Guerre eſt ſuivie de la Paix, côme les Tanpêtes, les pluyes & les orages, du bau-tans, & les Iours ouvrables, par ceux des Fêtes, anfin le repos eſt côme la ſauce du Travail: Cela eſt non ſeulemant remarqué aux Animaux, & an toutes les choſes qui ont ſantimant &

ame ; mês aûsi an cèles qui n'an ont point. Nous relâchons les cordes des Arcs, des Lires, & des Viôles, pour les retandre au bezoin; nos Cors s'antretiênent par réplésion & par évacuasion, & nos Espris, par l'exercice & par le repos.

Aprés quelques pages Plutarque dit,

Sunt itaque Pueri ab omnibus, vt dixi, malis Hominibus abstinendi: Maxime autem ab adulatoribus. Quod enim identidem & multis dicere parentibus consueui, nunc quoque affirmo. Genus Hominum Adulatoribus pestilentius nullum est, neque quod magis ac celerius Iuvenes in perniciem precipitet. Illi enim & Parentes & Natos radicitus perdunt, & inter consulendum esca voluptatis diffi-

culter euitabili illicientes, parentum senectutem juxtà & Filiorum juventutem dolorum plenam reddunt. Divitibus liberis Parentes sobrietatem commendant, Adulatores ebrietatem! Illi continentiam, hi libidinem! Illi parsimoniam, hi prodigalitatem! Industriam illi! hi ignaviam. Punctum (ajunt adcentatores) temporis est tota nostra vita: frui ea, non abuti ad alias res conuenit. Quid attinet nos minas Patris curare? Delirus est, & alterum pedem jam in sepulcro habet: mox illum sublimem arreptum efferemus.

Ce qui sinifie,

Il faut, côme il est dit ci-devant êloigner les Anfans de la Conpagnie & de la frékantasion des Méchans, & principalemant de cêle des Flateurs,

Ie répeteré ici ce que j'é souvant dit à pluzieurs Péres. Qu'il n'y a point un plus détestable, ni un plus pestilant janre d'Hômes, & qui côronpe plus prontemant la Ieunêse, que les Flateurs, ils perdent & les Péres & les Anfans; ils randent la vieillêse des uns, & la jeunêse des autres, trés-mizérable, ils les séduizent par leurs mauvês Conseils, ils les font tonber dans leurs piéges, par les âpas des voluptés. Les Péres qui sont riches & hônêtes, recômandent à leurs Anfans, de vivre sobremant; les Flateurs les incitent à la Gourmandize, & à l'Yvrognerie; les Péres recômandent la Chasteté, les Flateurs la Lubricité: les Péres recômandẽt l'Epargne, les Flateurs incitent à la Dépanse & à la Prodigalité;

les Péres recômandẽt les Etudes, le Travail, & les Exercices, à leurs Anfans; mês les Flateurs les obligent à Ioüer jour & nuit, & à pâſer le tans an toutes ſortes de Voluptés, de Libertinages & de débauches, an dizant, Queſ-ce que de nôtre vie, ce n'eſt qu'un point, êle ne dure qu'un momant, il faut vivre ce pandant qu'on à le tans, & le moyen, il ſe faut dôner du bon tans, & non pas languir, il ne ſe faut pas ſoucier des diſcours & des menaces d'un Pére, qui n'eſt qu'un vieux fou, & un vieil réveur, qui ne fêt que radoter, il à la mort antre les dans, il à déja un pié dans la fôſe, nous le porterons bien-tôt an Terre. &c.

Aprés quelques pages, Plutarque continüant ſur le même

ſujet, dit,

Ante omnia debent Parentes nihil peccando, evidens ſe ſe liberis exemplum prebere: ut in ipſorum iy vitam tanquam in ſpeculum intuentes, à turpibus dictis, factiſque auertantur. Et enim qui peccata Filiorum increpantes, ipſe in eadem prolabuntur vitia, iy ſe non ſentiunt ſub illorum nomine ſemetipſos accuſare. Quorum verò tota vita turpis eſt, iy ne ſervos quidem objurgandi libertatem ſe relinquunt, nedum Filios.

Ce qui ſinifie.

Devant toutes chozes, il faut que les Péres ſe gardent bien de cómêtre aucune faute, ni d'ômétre aucune choze qui apartiéne à leur devoir, afin qu'ils ſervent d'un vif exanple à leurs Anfans, qui regardans la vie de leur

Pére, côme dans un cler miroir, ils s'abstiênent, á leur exanple, de dire, ni de fére aucune choze qui soit indigne ou honteuze. Car ceux qui reprênent leurs Anfans des fautes qu'ils côment eux-mêmes, ne s'avizent pas que sous le nom de leurs Anfans, ils se condânent eux-mêmes; & si généralemant parlant, tous ceux qui vivent mal, ne se lêsent pas la hardiêse, & ne se conservent pas la liberté de reprandre leurs Esclaves, cômant ozeront-ils reprandre leurs Anfans!

Par ces discours, Plutarque nous anségne, 1° Qu'il faut instruire les Anfans avec modérasion & douceur, & non pas par la force, & qu'il ne faut point surcharger leurs Espris d'Etudes, ni leurs Cors de fatigues.

ou d'exercices.

2° Il ne veut pas que les Anfans ayent aucunes frékantasions, ni habitudes avec les Libertins, Fénéans, Flateurs, &c. parce que ces ſortes de Ians perdent antiéremant non ſeulemant les Anfans, mês aûſi les perſônes plus agées.

3° Il veut que les Péres ne fâſent aucune choze contre leurs devoirs. Et qu'ils fâſent toutes cêles à quoi leurs devoirs les oblige.

Le premier & le ſecond des précédans diſcours, ſont trés-évidans, & ce qu'ils contiênent à été touché ci-devant.

Sur le troiziéme, par lequel il veut que les Péres, ne cômêtent aucunes acſions contre leurs devoirs, & aûſi qu'ils n'ômêtent rien de leûrs devoirs.

C'eſt qu'il prétand, que les Anfans aprênent à bien vivre & à bien fére, par les acſions de leurs Péres, & que les vies des Péres, ſervent aux Anfans côme d'un trés-cler & trés-parfêt miroir, pour ſe conduire & ſe conformer aux bônes acſions; c'êt aûſi le ſantimant de [illegible]brac, qui parlant à un Pére, lui dit par ſon 28e Catrin.

Le ſage Fis eſt du Pére la ioye,
Or ſi tu veux ce ſage Fis avoir:
Drêſe-le ieune au chemin du devoir.
Mês ton Exanple eſt la plus courte voye.

Il eſt vrai que les Anfans ſe conforment facilemant à leurs Péres, Méres, Parans, Précepteurs, Gouverneurs, &c. Et inſi ſi les Péres, Méres ou ceux qui an ont la conduite, ou le Gouververnemant des Anfans, vivent ſelon la vertu, & l'hôneur; il eſt certin que les Anfans s'acoûtumeront inſanſiblemant & preſque ſans péne, à vivre ſelon la vertu & l'hôneur, &c.

Mês ſi, côme il n'avient que trop ſouvant, les Péres, Méres, Gouverneurs, Précepteurs, &c. inſtruizent par bons diſcours & rézônemans, les Anfans & ceux qui ſont ſous leurs direcſions ou conduites, à bien vivre; & qu'eux-mêmes ne vivent pas réguliéremant, les Anfans ſe perderont; car il eſt certin qu'ils imiteront plû-tôt les Acſions, qu'ils n'obéiront aux parôles: On ne les doit pas lêſer ſous la direcſion de têles ſortes de Ians, dautant que.

Les bônes Meurs de celui qui harangue,

F

Croire le font plus que sa bêle langue.

Et de plus, Plutarque remarque trés-bien, que si ceux qui vivent mal, n'ozeroient reprandre leurs Serviteurs des vices qu'ils cômêtent eux-mêmes, parce qu'an ce fézant ils se condâneroient, &qu'à plus forte rézon, ils n'an ozeroient reprandre leurs propres Anfans, ni les persônes libres, qui vivent sous leurs direcsions & conduites: Et quant ils le feroient, quêle croiance pouroit-on avoir an eux. Côme pour Exanple: Que diroit-on, & que pouroit-on croire, d'un Yvrogne, qui prêcheroit la Sobriété, d'un Coureur de nuit, qui publieroit la Retréte; d'un Extravagant ou Brutal, qui exalteroit la Prudance, & la Modestie, d'un Adultére, ou de quelque autre Inpudique, qui feroit les Eloges de la Chasteté ; d'un Profane, Inpie & Sacrilége, qui dôneroit des loüanges à la Religion, & de l'Ansan aux Dieux; d'un Perfide, Trête, & Parjure, qui dôneroit de la gloire à la Franchize, & à la Fidélité : d'un Fénéant, & Oizif, qui estimeroit la Dilijance, l'Exercice, & le Travail : ou de Ceux qui recômanderoient les Vertus, qui sont diamétralemant ôpozées aux Vices qu'ils ont an habitude. Certénemant il seroit trés-dificile, pour ne pas dire inpôsible, qu'on ût de la Foy, ou quelque espéce de croyance, aux discours de ces sortes de persônes?

S'il est vrai que les Hômes vicieux & débauchés ne se conſervent pas la liberté de reprandre leurs Serviteurs & Domeſtiques, des vices, qu'ils cômêtent eux-mémes, parce qu'an ce fezant, ils s'acuzeroient, & ils ſeroient leurs propres Iuges & Condânateurs : Côme a trés-bien remarquié Plutarque, qui infére de là, trés-judicieuzemant, qu'à plus forte rézon, tels Hômes n'ozeroient, ni coriger, ni reprandre leurs propres Anfans ; Cômant donc ozeroient-ils reprandre leurs Fâmes, s'il avenoit qu'êles s'abandonâſent, aux vices, aux déréglemans, & aux libertinages de leurs Maris.

Sur ce méme Sujet Sint Grégoire le Grand, Evêque de Naziance, puis de Conſtantinople, dans ſes Epitres, parlant aux Maris, leur dit, Avec quel front voulés-vous exiger la Pudicité de vos Fâmes, si vous-même vivés an inpudicité Cômant leur demandés-vous ce que vous ne leur dônés pas? Si vous voulés qu'èles soient chastes, vivés & conportés-vous chastemant &c. Ce discours est raporté an mêmes termes, par S. Fransois de Sales, Evêque de Généve, au 38. Chap. de son Introducsion à la vie devote.

Et ansuite le même S. Grégoire, dit,

C'êt an vin, qu'on repran an autrui, les vices dont on est antâché.

Et pluzieurs autres rézonemans sur ce sujet, qu'on voit dans les Euvres de ce gran Sint.

Plutarque a aûsi touché ces mêmes rézonemans, an ses Morales, au Treté des Précepțes de Mariages, où il dit que

Les Hômes qui s'adônent aux Vices qu'ils reprénent an leurs Fâmes, font côme s'ils leur cômandoient de conbatre des Enemis, ausquels ils se seroient eux-mêmes lâchemant randus.

Il dit aûsi, qu'il est trés-dificile que les Fâmes s'abstiênent des délices, des superfluïtés, & des vices, qu'êles voyent pratiquer à leurs Maris, ou qu'êles cônêsent qu'ils ont an habitude. &c.

Conclusion de ce Chapitre, & des Précèdans.

I'Estime, que ceux qui ont lû, & bien antandu, tout ce qui est dit ci-devant, cônêsent trés-bien, que ce n'est pas pour les dêtourner de leurs exercices ordinéres, que je prétans leur anségner à bien jouër aux Dames, & que ce n'eſt pas aûſi, pour les inciter aux vices, & aux débauches, ni pour les antretenir dans l'Oziveté, & dans la Fénéantize, au contrére, c'eſt pour les anpecher d'y tonber, ou pour tâcher de les an retirer, au cas qu'ils y ſoient tonbés; & pour les obliger à retourner avec plus de force à leurs Etudes, ou à leurs autres Exercices ordinéres, & hônêtes, aprés qu'ils auront pris un rezonable dîvertîſemant à ce nöble Ieu.

CHAPITRE IV.

Des diverses sortes de Ieux & de leurs Noms.

ON trouve chés les Latins, de trois sortes de Noms pour les Ieux, qui sont, *Ludus*, *Iocus*, & *Lusus*.

Ils ont ordinéremant antandu, par *Ludus* ou *Ludi*, tous les Ieux, où il y avoit quelque espérance de profit, ou quelque crinte de perte.

Par *Iocus* ou *Ioci*, ils antandoient ceux, où il n'i avoit aucune espéranc e de g ain, ni de profit, ni aucune autre perte, que de cêlé du tans.

Par *Lusus* ou *Lusi*, ils antandoient tous les Ieux ou divertîsemans voluptüeux, ou qui n'êtoient que pour les seules voluptés.

D'où il suit, que tous les Ieux qui ont êté invantés & êtablis par des particuliers, ou par des Peuples, & qui êtoient publics, côme êtoient chés les Grecs, les Ieux Olynpiques, & pluzieurs autres, & chés les Romins, les Ieux Apollinéres, & autres, êtoient nômés *Ludi*, dautant qu'an iceux il y avoit espérance, & crinte; savoir espérance de gain, de réconpance, de profit, & d'hôneur, côme de l'hôneur d'être victorieux, soit à la Luïte, au Ceste, au Disque ou Palet, au Saut, & à la Courſe, de tous lêquels, les Champions eſpéroient l'hôneur d'an ranporter les Courônes, & toutes les autres réconpanſes de gloire & de prix; ou la crinte de la honte, de n'avoir non ſeulemant ranporté aucune loüange, hôneur, ni profit, mês cêle d'avoir êté vincus ou ſurmontés par les autres, aux exercices qu'on y fézoit.

Les Ieux Apollinéres, avoient êté inſtitüés par les Romins, ils les célébroient an l'hôneur d'Apollon, pour qu'il les prézervât de la peſte.

Tous les Ieux, aû-quels il n'y avoit aucune eſpérance d'hôneur ni de profit, ni aucune crinte de perte, êtoient nômés *Ioci*, côme êtoient, & ſont ancore à prézant les Ieux des Anfans, & ceux de toutes les persônes qui ne cherchent qu'à pâser agréablemant le tans.

Les Ieux qui n'avoient que les seules voluptés pour objet, étoient nômés *Lusi*, de *Lusiones*, ou *Illusiones*, acauze que les Voluptés, ne sont que de pures folies, ou illuzions.

Antre un trés-gran nonbre de Ieux, qui êtoient établis chés les Grecs: ils an avoient de katre sortes, qu'ils célébroient réligieuzemant, qui êtoient les Olympiques, les Pythiens, les Istmiques, & les Néméens.

De ces katre sortes de Ieux, deux êtoient célébrés an l'hôneur des Dieux Inmortels: Et on célébroit les autres an l'hôneur des persônes mortêles.

Hercule institüa les Ieux Olinpiques an l'hôneur de Iupiter.

On inſtitua les Ieux Pythiens an l'hôneur d'Apollon.

Thézée inſtitua les Ieux Iſtmiques an l'hônêur de Palæmon.

Les Ieux Néméens furent inſtitüés an memoire de l'Anfant Archémore,

Le tout ſelon l'Epigrâme du Noble Archias Poëte Grec, céte Epigrâme eſt ancore à prézant dans l'Anthologie, & éle à été mize an Latin par plu-zieurs Poëtes, la ſuivante Traducſion côreſpon âſés litéralemant au Grec.

Quatuor ſunt Certamina in
Græcia, quatuor Sacra:
Duo quidem Mortalium, duo
verò Immortalium:
Iovis, Apollinis, Palæmonis,
Archemori,
Præmia verò Illorum Olea, Poma, Apium, Pinus.

Il y a

Il y a quelque diférance antre les Autheurs touchant les Ieux Istmiques, quelques-uns dizent qu'ils ont été établies an l'hóneur de Neptune, & quelques Poëtes, ont écrit Mélicerte au katriéme Vers pour Palæmon, cóme il suit,

Phœbo, ipsique Iovi, Archemoro
& parvo Melicertoæ.

Ou

Phæbo, ipsique Iovi, puero Archemoro, & Melicertæ.

Mês le tout revient à une même choze, cóme on le verá an suite.

Antre un trés-gran nonbre de Ieux, qui étoient établis chés les Romins, ils an avoient de katre sortes, qu'ils celébroient trés-régulierémant, qui étoient les Megalenses, les Funébres, les Plébérens, & les Apollinéres.

Hercule, ayant fêt mourir Augée, Roi d'Elide, fils du Soleil & de Naupidame, qui lui avoit refuzé le salére, ou la reconpanse, de laquéle ils êtoient convenus, pour le nétoyemant de ses Etables, ce qu'il fit prontemant, par le moyen du Fleuve Alphée, qu'il fit pâser au travers d'icêles ; à quoi ayant aporté plus d'industrie que de force, la réconpanse lui an fut déniée par l'injustice de ce Roi qui (pour éviter la fureur d'Hercule) se retira dans Elide ville Capitale de ses Etats ; Hercule l'assiégea, forsa la Ville, tüa ce Roy, & s'êtant âsujéti tout son Royaume, il le dôna aûsi-tôt à Philée, fils dudit Augée, qui avoit été rélégué par son pére, en l'Ile de Duliche, acauze qu'ayant été nômé Arbitre, du diférant, d'antre Hercule, & son Pére, il avoit jugé an faveur d'Hercule, qui (pour randre graces à Iupiter, de la Victoire qu'il avoit ranportée) institua des Ieux qui furent nômés Olinpiques, acauze de la Ville d'Olinpe an Arcadie, auprés de laquêle on fézoit les Asanblées, pour les exercices d'iceux, qui étoient de cinq sortes, savoir le Disque ou Palet, le Ceste, la Lute, le Saut, & la Course.

Le Disque ou Palet, étoit une Pierre ronde & plate, an forme de Meule, que les Chanpions jêtoient au plus loin.

Le Ceste étoit un Conbat qu'on fézoit à coûs de poins; les mîns, ou les poins, étans anvirônés d'un gantelet, antouré de corroyes de cuir de Beufs, deséchées, & plonbées, & parconsékant ce Conbat êtoit trés-périlleux.

La Luite, le Saut, & la Course, sont exercices âsés cônus, & qu'on pratique ancore à prézant an divers lieux.

Plutarque à trés bien remarqué chés Homére, l'ordre qu'on observoit an ces Ieux, qui êtoit que le Ceste précédoit la Luite, la Luite le Saut, & le Saut la Course &c.

Côme ces Ieux êtoient conpozés de cinq sortes d'exercices, ils duroient cinq jours, & les Victorieux qu'ils nômoient Olinpionices, êtoient courônés de Guirlandes d'Oliviers sauvages, ils y reçovoient tous les hôneurs imaginables; & aprés on les menoit an la Ville, montés sur des Charios de Trionſe, ils y antroient, non par les Portes d'icêle, mês pour plus grand hôneur, & côme vrais Victorieux, par les ruines de ſes Murailles, & de ſes Ranpars: Et anfin montés ſur les mêmes Chariôs, on les conduizoit an leurs Pêys, Trionfans & conblés d'hôneur & de gloire.

Pluzieurs grans Perſônages, de Nêſance & de Mérite, ont êté Victorieux aux Ieux Olinpiques, je n'an parleré pas, les Hiſtoires an randent d'hônorables têmoignages, je diré ſeulemant que Platon, inſi nômé, acauze de ſes larges Epaûles, ce divin Filozofe, y conbâtit pluzieurs fois, & s'y randit fameux par diverſes Victoires qu'il y ranporta.

Diagore, ce vieil Rodien, qui avoit êté trés-gran Luiteur, y vit an un même jour, trois de ses Anfans Victorieux & Couronés, ils mirent leurs Couronnes sur la Tête de leur Pere, an prézance de toute l'Assanblée, chacun le félicitoit par de hautes exclamasions, & on lui jêtoit des Fleurs de toutes pars, ce qui lui cauza une si excêsive joye, qu'à l'instant il s'extazia, & mourut antre les bras de ses Anfans, an prézance de tous les Assistans : Alors un vieil Lacédémonien, son intime ami, lui dit à haute voix, Meur à prézant Diagore, tu iras au Ciel, tu n'as plus rien à souhêter an ce Monde.

Phérénice, qui fut fille, Sœur, & mére, des Olinpionices, ou de ceux qui avoient ranportés les Prix aux Ieux Olinpiques, fut seule l'hôneur, antre toutes les Fâmes, d'être prézante, ou d'âsister, à ces Ieux.

Les Olinpiades prênent leur nom des Ieux Olinpiques, êles servent d'Epoches, ou de racines aux Astronômes, pour les Calculs & supurasions des Tans & des mouvemans Célestes; & aux Cronologistes, pour âsigner an iceux les plus considérables acsidans, & acsions pâsées.

Les Ieux Pytiens, étoient trés-solênels, ils furent institués an l'hôneur d'Apollon, au même lieu, où il tüa de plus de mille coüs de fléches, cét hôrible Serpant, nômé Python; ce fut an la Macédoine, au lieu qui porte ancore à prézant le nom de cét éfroyable Monstre, & de crinte que l'ingrate oubliance, ne fit perdre, avec le tans, le souvenir d'un si grand acte, &

ſi digne de mémoire : On inſtitua aûſi-tôt ces Ieux Sacrés, & ces trés-célébres exercices, qui ont pris leurs noms de celui de ce Serpant, les Vinqueurs y êtoient courônés de Lauriers, & honorés des Fruis tirés du Tanple de ce Dieu : D'autres dizent qu'ils êtoient courônés de Guirlandes fêtes de feüilles de Chênes, & que le Laurier, n'êtoit point ancore cônû an ce tans-là.

Ovide décrit cête Iſtoire au premier des Métamor. ou il dit ſur le ſujet de ces Ieux.

Neve operis Famam poſſet delere vetaſtas,
Inſtituit Sacros celebri Certamine Ludos,
Pythia perdomitæ Serpentis nomine dictos. &c.

Les Ieux Iſtmiques, furent

instituës par Thézée, an l'hôneur de Neptune: Ils furent insi nômés, selon quelques Auteurs, acause qu'on les célébroit auprés du Tanple de ce Dieu, qui êtoit bâti auprés de l'Istme, ou dêtroit du Péloponéze; les Vinqueurs, y êtoient courônés de Rameaux de Pins sauvages: Quelques autres dizent, qu'ils furent instituës par le même Thézée, an l'hôneur de Palæmon, selon l'Epigrâme du Poëte Archias, raportée ci-devant.

Histoire de Palæmon.

PAlæmon, qui auparavant êtoit apêlé Mélicerte, êtoit fis d'Athamas, Roy de Thébes, & d'Ino, fille de Cadmus & d'Hermione; Athamas ayant êpouzé Ino an secondes Nopces, aprés avoir répudié Nephélé ; de laquêle il ût deux Anfans, Phryxe, & Hellé, il les trêta si rigoureuzemant, pour conplére à leur marâtre Ino, sa seconde fâme, qu'ils furent contrins de s'anfuïr, & pour cét êfet ils montérent tous deux sur un Bélier qui avoit la Toizon d'or. Athamas, par la volonté de Iunon, soit qu'ēle fut indignée d'un si crüel trêtemant fait par un Pére à ses Anfans, ou soit qu'ēle se voulut vanger de Cadmus, ou autremant, devint têlemant troublé, & son cœur fut ranpli d'une si grande furie, que s'imaginant être dans les Bois, & dans les Forês, & croyant que sa fâme Ino, qui tenoit deux de ses Anfans du second lit, Learche & Mélicerte, êtoit une Liône, & les Anfans des Lionceaux ; il aracha, d'une min parricide, son fîs Learche, d'antre les bras d'Ino, & il le froîsa contre les murailles, & par une étrange furie, il le mit an piéces antre les pierres, à la vûë d'Ino, qui, outrée de douleur & toute épouvantée d'une si êfroyable action, êle s'anfuït & se précipita dans la Mer, avec son autre fîs Mélicerte, où êle fut rêsuë par Neptune, qui la mit au nonbre des Déêses de la Mer, sous le nom de Leucothoé, & son fîs Mélicerte, fût fêt Dieu Marin, sous le nom de Palæmon, qui est aûsi nômé Portumne, parce qu'il est estimé prézider aux Haures & aux Pors de Mer: Et l'un & l'autre sont souvant reclamés par les Voyageurs & Mariniers, pour être favorables à leurs Navigasions.

Les Ieux Néméens, êtoient célébrés avec grandes solennités, an la Forês Némée an Acaye: Les Argiens, y fézoient porter an grande vénération, les Images de leurs illustres Ancêtres: On s'y exersoit aux Courses des Chevaux, au Palet, à la Luite, &c.

Les Vincœurs y êtoient courônés d'Ache, ils furent instiтüés an l'hôneur d'Hercule, qui y conbatit Cors à Cors, ce gran Lion, âpelé Néméen, acauze de la Forês Némée, an laquêle il se retiroit.

Hercule déchira, & mit an pièces cêt êfroyable Animal, qui avoit tüé & dévoré un gran nonbre de persônes, & antre les autres, le fis du Vieillard Molorche Arcadien, duquel Hercule, qui âloit pour conbatre ce Lyon, fut resû avec tant de courtoizie & de bonté, qu'il s'an santit si redevable, & têlemant obligé à son Hôte, que pour an recônêtre le bien-fêt, aprés avoir conbatu & mis an piéces ce furieux Lion, il dédia ces Ieux à la mémoire du Fîs de Molorche, qui, à ce sujet furent nômés Molorchées, aûsi bien que Néméens.

Pluzieurs autres dizent, qu'ils furent institüés pour la mémoire de l'Anfant Opléres, surnômé Archémore, fis de Licurgue Roy de Trace, qui fut mordu, & tüé par un Serpant, par l'inprudance d'Hypsiphyle sa Nourice, qui l'avoit mis sur l'herbe, pour plus prontemant adrêser les Princes Achæens, & toute leur Armée, à la Fonténe Langie, qui êtoient travaillés d'une excêsive soëf, âlans à l'expédision de Thébes.

CHAPITRE V.

Istoire d'Hypsiphile, & de Lemnos, &c.

LIcurgue inconsolable par la mort de son fîs Oplétes, an attribüoit, avec rézon, la cauze à l'inprudance d'Hypsiphyle, qui êtoit son Esclave, & la Nourice de cét Anfant, il l'a vouloit fére mourir : Les Princes Achayens si ôpozérent de toute leur puîsance; dizans que ce malheur êtoit avenu à leur sujet, & pour leur fére plézir.

An ce même tans, les Princes Thoas, & Eunéus, fréres Iumeaux, fîs d'Hypsiphile, & de l'îlustre Iazon, ce grand Chef des Argônautes, qui cherchoient leur Mére de toutes pars, & qui avoient alors anviron vint-ans, ârivérent là; ils recônurent leur Mére, & se joignans auec les Princes Grecs, ils ârêtérent conjointemant avec eux, la violance de Licurgue, duquel, pour adoucir, an quelque fâson, le déplézir, ils institüérent les Ieux, que quelques-uns nôment Néméens, an l'hôneur & mémoire d'Oplétes, qu'ils surnômérent Archemore, côme pour dire qu'il devoit mourir an nêsant, ou bien-tôt aprés le cômancemant de sa vie; Les jeunes Princes Thoas, & Eunéus, se signalérent de têle sorte an ces

Ieux, qu'ils y furent les premiers Vincœurs, ils y trionférent, & ils an ranportérent tous les Hôneurs, les Pris, & les Courônes.

Vulcan, ayant été bien averti par le Soleil, de l'adultére que Vénus sa fâme, côмêtoit avec Mars, forgea des Chênes d'Acier, & de Diamans, qui êtoient d'une trés-grande force; êles êtoient si subtiles, & têlemant délicates, qu'on ne les pouvoit apercevoir, il y avoit adroitemant ajoûté pluzieurs liens, & rêsors, aûsi surprenans, qu'ils êtoient invizibles, & ayant ajusté le tout, par un admirable artifice, an fâson de filet ou de rézeau, sur le lit de Venus: il fit si bien, qu'êle & Mars son adultére, êtans au milieu de leurs anbrâsemans, demeurérent tout aus, trés-êtroitemant pris & anlâſés dans ces chênes & rézéaux. Il les expoza, inſi couchés & honteuzemant ácouplés anſanble, à la vûë de tous les Dieux, & de toutes les Déêſes, qui regardérent cela fort âtantivemant, & ils n'an firent que rire, & cela néanmoins, ſervit lontans d'antretien & de divertîſemant à toute la Troupe Céleſte, à la honte de Mars, & au plus gran déplézir de Vénus.

Mês parce que Vulcan, avoit alors ſes Forges dans l'Ile de Lemnos, & que ces Chênes y avoient êté forgées; ou acauze que ce fut dans cête Ile, que Mars & Vénus furent pris dans ces rézéaux : ou plûtôt parce qu'aprés cête acſion, les Dames de Lemnos, ne Sacrifioient plus à cête Déêſe, & qu'êles n'anſansérent plus ses Autels, & qu'êles les avoient tout à fêt abandônés, par la honte qu'êles ûrent de l'accidant qui lui êtoit insi avenu; & qu'au contrére êles augmantérent le nonbre des Autels de Vulcan, qu'on voyoit de toutes pars incêsâmant fumer, par la kantité d'Ansan, qu'êles y fézoient continüêlemant brûler, & par la multitude des Sacrifices qu'êles ôfroient à ce Dieu. Ele an fut têlemant irritée qu'êle rézolut de s'an vanger, & de les punir avec rigueur; & pour cét êfet, êle leur anvoya vne santeur Bouquine qui püoit extraordinéremãt, *hircinum odorem*, dizent les plus célébres Auteurs, leurs Cômantateurs, & Scoliastes. Cête santeur leur sortoit des êsêles, êle êtoit si infecte, que les Maris ne pouvans plus aprocher de leurs Fâmes ſans horreur, les abandônérent, & ils s'aconpagnérent de certénes Eſclaves, qu'ils avoient amenées du Pêis de Trace: dont leurs Fâmes, poûſées tant par leurs propres intérês, que par les perſüazions de Polixo, Prétrêſe d'Apollon, antrérent an une ſi grande fureur contre leurs Maris, qu'êles rézolurent de tüer tous les Hômes de Lemnos, ſans an épargner aucun, ni même leurs Péres; & quoi que les Filles, qui n'avoient pas contrevenu aux Loix de l'hôneur, ne fûſent pas infectées de cête püanteur, néanmoins les Fâmes les obligérent par ſermans, de les âſiſter an cête crüêle exécuſion: De ſorte qu'an une même nuit, êles tüérent tous les Hômes de Lemnos;

il n'y ût qu'Hypsiphile fille du Roy, qui dôna sécrétemant avis à son Pére, de ce qui se pâsoit: Ele le fit adroitemant sauver durant cête même nuit. Aûsi-tôt que le Iour fut venu, êle déclara aux Fâmes de l'Ile, qu'êle avoit tüé son Pére, & pour dautant mieux les an âsurer, êle fit drêser, & alumer un trés-gran Bucher, dans les flâmes, & dans les anbrâzemans duquel, êle jêta an leurs prézances, le Septre, & la Courône du Roy son pére, & tous ses Habillemans Royaux: Alors toutes les Lemniennes, d'une cômune voix, la recônurent, & la proclamérent leur Réne, & la véritable héritiére de l'Ile de Lemnos, & de tout le Royaume. Mès côme quelque tans aprés, êles aprirent qu'Hypsiphile n'avoit pas tüé son Pére, & qu'êle l'avoit caché, & fêt sécrétemant évader, êles rézolurent de l'a tuër : Ele fut avertie de leur intansion, & du mauvés dêsein qu'êles avoient contre êle, ce qui fit, qu'êle se sauva durant la nuit, avec quelques-unes de ses plus fidéles Conpagnes, êle antra dans un Vêseau qui étoit au Port, êle an fit lever les ancres, & les voiles, & se mit an Mer. Ele fut rancontrée & prize par des Pirâtes, qui l'a vandirent pour Esclave au Roy Licurgue.

Il n'étoit pas juste que la fille du Roy de Lemnos, & qui fut Réne de ce méme Royaume, & qui au péril de sa vie, avoit conservé cêle du Roy son pére, & qui de plus, êtoit Couzine, & fâme, de ce gran Chef des Argonautes, Iazon; ne fut ici cônüe que côme une pauvre Esclave, ou côme une simple Servante & Nourice. C'est à ce sujet que j'an ay ici raporté l'Istoire.

Pline, livre 33. Chap. 13. dit que de son tans, on voyoit ancore dans Lemnos, des restes de ce Labirinte qui fut bâti par ces trois grans Persônages, Zivilus, Rhodus, & Théodotus; natifs de cête méme Ile. Il dit aûsi, que la grandeur & la bauté de ce Labirinte, excédoient totalemant cêles de celui qui fut bati succêsivemant par tous les anciens Rois d'Egypte, qui étoit dédié au Soleil; Et il remarque avec pluzieurs autres bons Auteurs, qu'il y avoit an celui de Lemnos, cent quarante trés-grandes Colônes de Marbre, toûtes fétes sur le tour, par un admirable artifice, de plus qu'an celui du Soleil, & néanmoins il n'an reste à prézant plus aucun vestige; non plus que des Forges de Vulcan, qui étoient sur la Coline nômée Ephestia, prés la Vîle de méme nom, qui est à prézant nômée Cochine, céte Coline étoit autrefois toute dézerte, & côme toute brûlée, sans doute à cauze des excêsives ardeurs, des Forges de ce Dieu: Mês côme il y a lon-tans qu'êles n'y sont plus, la Montagne est devenüe trés-fertile, tant an Herbages, qu'an bons Grins: Et c'est de cête méme Coline, qu'on a tiré de tous tans, & qu'on tire ancore tous les ans, le sixiéme jour d'Août, la Terre sigillée an trés-grande Cérémonie.

Lorsque cête Ile apartenoit

aux Vénisiens, les Prêtres de l'Eglize Roméne fézoient céte foncsion; mês côme êle est aujourd'ui sous la dominasion du Gran-Ségneur, ce sont ses Oficiers qui font tirer la Terre sigillée de sa véne, avec ordre exprés de se servir des Prêtres Grecs, Caloyers du Mont Athos, autremant nômé la Montagne Sinte : c'est cête tant renômée Montagne, qui n'est habitée que de Caloyers, qui peuvent être six mîle Réligieux, divizés an vint-katre beaux Monastéres, ils vivent tous du travail de leurs mins, pauvremant & Sintemant : C'est pourquoi cête Montagne est âpêlée Sinte par les Turcs, aûsi-bien que par les Grecs. Le Gran-Ségneur a pris tous ces Réligieux an sa protecsion.

Mont-

Mont-Athos est d'une excessive hauteur, & on observe aux plus lons jours de l'Eté, lorsque le Soleil est an l'Occidant de céte Montagne, quoi qu'il soit ancore âses élevé sur l'Orizon, que son Onbre, s'étand jusqu'an l'Ile de Lemnos, qui an est éloignee de dix lieües Fransoizes ou anviron. L'Assanblée des Oficiers du Gran-Ségneur, se fêt tous les Ans, le sixiéme jour de May, côme il est dit: On cômance la Cérémonie, par la Mêse qui est célébrée dans une Chapéle, qui est sur le panchant de la Coline; êle est dite par un Prétre Caloyer Grec, qui va an suite avec d'autres Caloyers, tirer la Terre sigillee. Cela se fét an prézance des Oficiers du Gran-Turc, & ils la métent dans de petits ſacs, fés de poils de Chévres, qui ſont prontemant cachetés par leſdîs Oficiers, qui les anvoient an dilijance au Gran-Ségneur; & chacun deſdîs Oficiers, ne peut garder qu'une trés-petite kantité de céte Terre pour ſon vzage ſeulemant, ſans qu'aucun an puîſe vandre, & ce ſous péne de groſſe amande. La rézon eſt que céte Terre eſt pour l'ordinére âfermée au Soubachi de l'Ile, il n'y a que lui ſeul qui an puîſe vandre, & c'eſt de lui, ou de ſes Oficiers qu'il l'a faut acheter trés-chéremant, ſi on an veut avoir, qui ſoit pure & non falſifiée.

Galien, au Livre neufiéme, de la Puîſance & Faculté des ſimples Médicamans, déclare les Métodes qu'obſervoient les

Prétrêses de Diane, an la préparasion de céte Terre, & il reprand à bon droit Dioscoride, sur ce qu'il dit, que céte Terre doit être mélée avec le sang des Boucs, pour qu'êle soit de bon vzage.

Il n'y a rien de considérable à prézant dans l'Ile de Lemnos, que la Terre sigillée, les rüines de son fameux Labirinte, n'y paroîsent plus, il n'y a aucun reste des Forges de Vulcan, côme il est dit; & ancore que tous les Habitans de céte Ile, sachent trés-bien l'Histoire de Venus, & l'accidant qui lui ariva dans leur Ile, il n'y an a pas un, qui puîse bien justemant montrer le Lieu où étoit le lit de céte bêle Déêse, lorsqu'elle fut prize & ârêtée avec Mars, dans le fatal rézeau de Vulcan,

Les Ieux que les Romins nômoient Mégalenzes, ou Mégalezies, êtoient trés-ſolennels, ils êtoient dédiés & célébrés an l'hôneur de la Déêſe Cibêle, la Grande-Mére des Dieux, qui eſt aûſi nômée, Idée, Opis, Veſta, Déêſe Peſſinuntée, &c. On les célébroit tous les ans à Rome, au cômancemant du Printans, an trés-grandes cérémonies, & on portoit devant la Châſe de céte Déêſe, tout ce qu'on avoit de plus rare, & de plus préſieux, & toutes les chozes que les Romins eſtimoient dignes d'être vûës.

Istoire de la Déêse Pessinuntée ou Cibéle &c. Et des Vierges Vestales Claudia, & Tutia.

L'Image de céte Déêse étoit insi nômée, acauze que les Ansiens croyoient qu'êle étoit dêsanduë du Ciel an Terre, êle fut trouvée dans la Phrygie, an la Canpagne nômée Pessinus ou Pessine, auquel nom âjoûtant le mot Grec Téa, qui sinifie Deêse, ils formérent Pessinuntée; & ils dizoient qu'êle n'êtoit point fête de min d'Hôme, & qu'il étoit inpôsible de dire de quêle matiére êle étoit formée.

Les Phrygiens célébroient les Orgies, qui êtoient les Fêtes de céte Déêse, dans la méme Canpagne Pessine, sur le rivage du Fleuve Gallus; & c'est par céte rézon qu'ils nômoient Galli, tous les Châtrés qui étoient consacrés à la Grande-Mére des Dieux, & qui fézoient les Services, & les Cérémonies de ses Fêtes.

Quelque-tans aprés que les Romins ûrent agrandy leur Puîsance, & que par les Armes ils se furent randus redoutables à tous leurs Voizins, leur Sibyle leur profétiza, Que leur République seroit ranplie de grandes richêses, & de tous biens, & qu'ils régneroient perpétüêlemant, s'ils fézoient aporter, & garder dans Rome, l'Image de la Grande-Mére des Dieux, la Déêse Pessinuntée: Ce fut ce qui les obligea d'anvoier des Anbâsadeurs aux Phrygiens, pour leur demander l'Image de céte Déése, qui leur fut acordée sans aucune dificulté, sous couleur de l'Aliance qu'ils prétandoient fére avec eux, & de l'hôneur qu'ils croyoient an avoir, ácauze que les Romins, raportoient leur Généalogie à Enée Phrygien, d'où ils dizoient être dêsandus.

Quant céte Sinte Image, ût été portée sur un Navire jusqu'à l'Anbouchure du Tibre, le Vêseau s'aréta par miracle, & par vouloir Divin, & il fut inpósible (quelque êfort que pût fére le Peuple Romin, & quelque artifice & machine qu'on pût anploier pour le fére mouvoir) de lui dôner aucun branle. Ce fut an ce tans-là, qu'une Vierge Vestale nómée Claudia, fut soubsônée d'avoir contrevenu à ſon hôneur ; êle s'étoit aquize céte mauvéze réputaſion, par le trop de ſoin qu'êle prénoit à s'anbélir, & à ſe parer ; les Romins la vouloient condâner, ſelon la Loy des Veſtâles, qui s'obligeoient par Veux & par Sermans ſolennels, an antrant dans céte Réligion, & avant que d'être conſacrées au Service de la Dééſe Veſta, de garder inviolablemant une perpétuële Chaſteté; & que s'il avenoit que quelqu'une faûſa ſa Foy, & contrevint à ſon Veu, & à ſon Sermant, on l'anterroit toute vive : Claudia cônêſant ſon inoſanſe, & ſe ſantant faûſemant acuzée, êle pria le Peuple (qui êtoit tout préparé à prononcer la Santanſe de mort contr'êle) de remétre la cauze au Iugemant de la Grande-Mêre des Dieux, la Déêſe Veſta Peſſinuntée. Céte Réquête êtoit trop rézonable, on ne pouvoit rien dire au contrére, êle lui fut acordée : Ele aûſi-tôt, côme inſpirée de la Divinité, & fondée ſur ſon înoſanſe, atacha ſa cinture à la proüe du Navire qui portoit l'Image de la Déêſe, & an prézance de tout le Peuple, & de tout le Monde, qui ſe trouva là pour voir ce qui aviendroit; êle fit ſa priére à haute voix, à la Grande-Mére des Dieux, la Déêſe Cibéle ou Veſta, &c. la supliant de dôner publiquemant à cônêtre, par quelque ſigne extérieur, manifeſte & évidant, le Iugemant de la vérité & de la conêſance qu'êle avoit de ſon înoſanſe & de ſa Chaſteté; & que ſi êle la tenoit pour Vierge, qu'êle fit âler le Navire qui portoit sa Sinte Image, & qu'il la suivit où êle le conduiroit: Aûsi-tôt que céte priére fut insi hautemant achevée, le Navire cômansa côme de soi-méme à s'ébranler, & à âler, de têle sorte que Claudia, qui ne le tenoit ataché qu'avec la cinture de sa robe, le mena jusque dans Rome, an prézanse de tout le Peuple Romin, & de tous les autres Assistans; qui par ce Divin moien, recônurent que Claudia étoit une trés-chaste, & trés-înosante Vierge; & ils ne s'émerveillérent pas moins, de la vénérable chasteté de céte noble Fille, que du grand Miracle qui s'étoit fét an leur prézanse, an sa considérasion; & de la merveilleuze Puîsanse de la Grande-Mére des Dieux, qui fit qu'une jeune & délicate Pucêle, mena si facilemant depuis le Port d'Ostie, jusque dans Rome, un trés-gran Navire, que pluzieurs mîliers d'Hômes, & de Chevaux, n'avoient pas seulemant pû ébranler.

Ce fut céte méme Claudia, qui regardant son Pére qui antroit Trionfant dans Rome, & voyant un Tribun du Peuple, qui s'éforsoit de le jéter hors de son Chariot, pour l'anpêcher de Trionfer ; êle animée d'une généreuze colére, sauta dans le Chariot, d'où êle repoûsa rudemant ce Tribun ; & êle ne sortit point du Chariot, qu'aprés l'aconplîsemant du Trionfe : Et insi on vit ansanblemant Trionfer, le Pére & la Fille, ce qui n'avoit jamés été vû auparavant à Rome : Le tout avec un trés-grand contantemant, & admirasion du Peuple Romin, & de tous ceux qui virent céte hardie, & rare acsion. Valére le Gran, L. 5. Chap. 4.

Ie diré apres Tite-Live, Livre 8e. Que Tutia, Vierge Vestale, acuzée d'inseste, porta depuis le Tibre, jusque dans le Tanple de la Déêse Vesta, an prézanse de tout le Peuple Romin, un Crible tout ranpli, de l'eau qu'êle puiza dans ce méme Fleuve, sans qu'il s'an écoula une seule goute hors du Crible: Ce fut par ce Miracle, qu'êle fit preuve de sa Chasteté, à la confuzion de ses Acuzateurs.

Aprés ces chozes admirables des Vestâles, & de leur Déêse, j'estime qu'il sera bon de montrer (s'il est pôsible) l'origine de leur fondasion, côme aûsi cêle

de la

de la Vîle de Rome : mês il faut prandre la choze de plus loin ; car côme il est dit ci-devant, les Romins raportoient leur Origine à Enée, Prince Troyen, & Iandre de Priam ; qui vint an Italie, aprés la détrucsion & la rüine totale de la Vîle de Troye : Côme le tout est succintemant raporté au Chapitre qui suit.

CHAPITRE VI.

De l'Origine de Troye, d'Ilium, & la Généalogie d'Enée.

IL est dit ci-devant, que les Romins raportoient leur Généalogie à Enée, & qu'ils dizoient an être dêsandus.

Tous, ou la plus grande partie des Cronologistes, sont d'acord, qu'Enée étoit Fîs d'Anchize, & de Venus; & an cela ils suivent les Opinions, & les autorités, d Homére de Virgile, & de pluzieurs graves Auteurs, tant ansiens que modernes, qui an toutes maniéres font dêsandre Enée de Iupiter, soit qu'on le considére du côté maternel, c'est à dire, îsû de Vénus fille de Iupiter, & de Dione, l'une des Nynfes, fille de l'Occéan, & de Thétis.

Quelques Auteurs, & antre les autres, Ciceron, an son troiziéme Livre de la Nature des Dieux, fêt mansion de katre Vénus : La premiére, est fille du Ciel, & du Iour : La deuziéme, est fille de la Mer: La troiziéme, est la Mére d'Enée: La katriéme fut anjandrée de Syrus, & de Syria, êle êtoit aûsi nômée Astarte, Atergaris, ou Derceto ; êle êtoit Déêse des Syriens. La Sinte Ecriture la nôme la Déêse des Sydoniens; Ce fut à céte Vénus, que Salomon, drêsa des Autels, pour conplére à ses Concubines.

Vénus Mére d'Enée, est la Fâme de Vulcan, & par consékant, ce fut êle qui, dans l'Ile de Lemnos, fut prize, avec Mars, dans le fatal Rézeau, côme il est dit, ci-devant. Ele s'aparut à Anchize, sous la forme d'une trés-bêle Nynfe, & lui ayant ézémant persüadé, que les Dieux l'avoient destinée pour être sa Fâme: Ils anjandrérent deux Anfans, qui furent Enée, & Lyrus qui mourut jeune: Cepandant Vénus déclara à Anchize, ce qu'êle étoit, & êle l'avertit de ténir leur antre-vûë secréte, & qu'il dit qu'il avoit eü Enée de quelque Nynfe, & non pas de la Déêse Vénus; & qu'il se garda bien de dire, qu'il an avoit eü la Iouïsanse: Car autremant il seroit frapé d'un coup de Foudre. Côme il avint an suite : Parce qu'Anchize, s'étant trouvé an un Festin, & ayant un peu trop bû, il s'antretint avec quelques-uns de ses Amis, de la Ioüissanse qu'il avoit eüe de la Déêse Vénus : C'est pourquoy il fut frapé du Foudre, & il an fut griévemant blêsé; au raport de Virg. Servi. & de divers autres Auteurs.

Fulminatus est Anchises, quia se cum venere concubuisse jactabat. Servius. Ce qui sinifie.

Qu'Anchize fut frapé du Foudre, parce qu'il se vantoit, qu'il avoit couché avec la Déêse Vénus.

Du côté Paternel, Dardanus êtoit fis de Iupiter & d'Electra, fille d'Atlas ; il fit batir une Vîle, prés l'Hélespont, qui fut apélée Dardanie.

Dardanus, anjandra Ericthon, qui lui succéda.

Ericthon, anjandra Tros, qui lui succéda, il nôma la Vîle de Dardanie de son nom, & insi êle fut apélée Troye, & le Péys, Troade.

Tros anjandra, Ilus, Assaracus, & Ganiméde.

Assaracus anjandra Capys.

Capys anjandra Anchize.

Anchize anjandra Enée.

Il est donc bien prouvé, qu'Enée est dêsandu de Iupiter, tant du côté Paternel, que du Maternel, &c.

Ilus, fîs de Tros, êtoit Pére, de Laomédon, L'Aomédon étoit pére de Priam : Donc, Enée étoit Parant de Priam, an ligne Masculine.

Ce fut de cét Ilus, Pére de Laomédon, que la Vîle de

Troye, fut nómée Ilium, parce qu'il an fit êlever les Murs, ſur les Fondemans que Dardanus avoit fét fére.

CHAPITRE VII.

Voiage d'Enée aprés la Rüine de Troie.

ENée, Prince Troyen, Parant & Iandre de Priam, acauze de Créüze ſa fille, qu'il avoit épouzée : Voiant, aprés la prize de Troye, qu'il êtoit mal voulu des Grecs, dêquels toutes fois il obtint ſa liberté, & la permîſion d'anporter tout ce qu'il pouroit des

Biens qui lui apartenoient : Soit qu'avec Antenor, & Polydamas, il ût trahy ſa Patrie, & ſe fut antandu avec les Grecs, pour la prize de Troie ; acauze de la héne qu'il portoit à Priam, qui ne lui randoit pas les hôneurs qu'il méritoit ; ou qu'il croioit être dûs à ſa Vertu, & à ſa Nêſanſe ; & que ſe voiant méprizé par Paris ; & privé des Hôneurs Sacrés ; il ſe rézolut de rüiner Priam : Ou ſoit qu'ayant été d'avis qu'on randit Héléne aux Grecs, il ne pouvoit ſoufrir l'injuſtice qu'on leur fézoit an la reténant : Ou ſoit qu'il ſe fut retiré ſur le Mont Ida : Ou autremant, dautant qu'il y a pluzieurs autres opinions, ſur ce ſujet. Mês quoi qu'il an ſoit, les Grecs lui permirent de ſe retirer où bon lui ſanbleroit.

Il ſe mit an Mer, avec toute ſa Famille, & tous ſes autres Biens qu'il pût anporter, & principalemant ſes Dieux Pénates, & ceux de la Vîle de Troie, avec le Feu Sacré des Troiens.

Aprés qu'il ût navigué quelque tans, la plus cômune opinion eſt qu'il ariva an Trace, où il fit batir une Vîle qu'il apéla Enéas. Quelque tans aprés, il ſe mit an Mer, avec une Flote conpozée de pluzieurs Vêſeaux : Où aprés avoir êté batu de diverſes Tanpêtes, & avoir ancouru de grans dangers, & évité pluzieurs périls; il aborda anfin an la Côte d'Italie, au Pêis qu'on apéloit autrefois le Latium, & qui eſt à prézant nômé la Canpagne de Rome: Où il fut obligé de dôner divers Conbas, & pluzieurs Batailles, contre Turnus, Roy des Rutulles, qui s'ètoit opozé à sa dêsante, & qui se dizoit être grand Enemi d'Enée, & des Troiens.

Anfin Enée tüa Turnus, an un Conbat singulier, aprés quoi il épouza Lavinia, fâme de Turnus, & fille du Roy du Latium, aux Etas duquel il succéda; & il nôma ses Peuples, Latins, qui auparavant ètoient apélés Aborigènes.

Quelques Auteurs dizent, qu'Enée arivant an Italie, y fut trés-bien resû par le Roy Latin, qui lui fit toutes sortes de Carêses, & qu'il lui ofrit sa fille Lavinie, an Mariage; mês que Turnus, Prince Toscan, à qui èle avoit été promizé il y avoit lon-tans; s'y opoza de sorte qu'on an vint aux Armes, & il y ût une grande Guerre, antre les Prétandans, leurs Amis, & Aliés : Mês anfin Enée ayant tüé Turnus, dans un Conbat ſingulier, il épouza Lavinie, & il ſuccéda au Roy Latin.

Si ſelon quelques Auteurs, & principalemant d'Ovide, il eſt vrai qu'Enée, avec tous ſes Vêſeaux, ait abordé an Afrique, qu'il ait été à Carthage, qu'il ait vû Didon : Soit qu'il y ait été porté par la force de la Mer, par les Tanpêtes, &c. Ou autremant. Il y a plus d'aparance de croire que cela ſoit avenu, avant ſon arivée an Italie, qu'aprés : Et même pluzieurs graves Auteurs, ont opinion qu'Enée & Didon, n'étoient pas contanporins : Ils âſurent bien, que la Vîle de Carthage a été fondée avant cêle de Rome: Même ils avoüent tous, que cête diférance n'est pas de cent ans: & même il y an a pluzieurs qui dizent, qu'êle n'est que de karante ans: Et tous, ou la plus grande partie des meilleurs Auteurs âsurent que depuis la rüine de Troie, jusque à la fondasion de Rome, il y a au moins katre cens ans; & selon Strabon, il y a katre cens ans, antre la fondasion de la Vile d'Albe, & cêle de Rome. Et Albe ne fut fondée que pluzieurs ânées aprés l'arivée d'Enée an Italie. Et par consékant Enée & Didon n'êtoient pas contanporins; & Enée n'a vû ni Carthage, ni Didon. Côme il sera plus cleremant expliqué, aprés avoir décrit l'Origine & la Fondasion de Carthage.

CHA-

CHAPITRE VIII.

Istoire de la fuïte d'Elisse, qui depuis fut apêlée Didon, & de la fondasion de Cartage.

ELisse, Fille parféte an Bauté, & Pigmalion son Frére, Anfans de Belus second, Roy de Tyr, & de Phénicie ; furent naturêlemant, & par le Testamant de leur Pére, héritiers du Royaume de Tyr, & de toute la Phénicie ; néanmoins Pygmalion, du consantemant de tous les Peuples, fut élû Roy, & pôséda tout le Royaume ; & sa Seur fut dônée an Mariage à Sicharbas, son Oncle, qui êtét an pôsêsion de la Grande-Prêtrize d'Hercule, qui êtét la premiére Dignité de l'Etat, aprés la Roiale : Il pôsêdoit une multitude incroiable de Richêses, qu'il tenét cachées, par la crinte qu'il avêt que le Roy Pygmalion, qui êtét excessivemant avare, ne le fit mourir, pour s'anparer de ses Trézors ; côme il ariva an suite. Car Pygmalion, sans considérer ni la Paranté, ni la Dignité de Sicharbas, il l'âsâsina au pié de l'Hôtel de Mars ; & toutesfois il ne trouva rien, de ce qu'il espérét ; car Sicharbas avêt mis ses Trézors an terre, prés le bor de la Mer. La Princêse Elisse, Fâme de Sicharbas, éfroiée d'une si détestable acsion, ût tant d'horreur pour son Frére, qu'êle ne le pouvét plus regarder : Néanmoins, dîsimulant son rêsantimant avec adrêse, de crinte qu'il ne lui an avint autant qu'à son Mary ; êle pansa sérieuzemant à sa retréte, & au moyen qu'êle pourét tenir pour anporter sûremant toutes les Richêses de son défunt Mary : Ele cômuniκa son dêsin à quelques Persônes, qu'êle savét avoir de la héne pour le Roy ; & dont êle s'étét aquize l'amitié par pluzieurs bien-fês ; ils consantirent tous à la volonté de la Princêse Elisse. Ce dêsin fut trés-bien rézolu, & ancor mieux exécuté ; & ce côme il suit. Ele fit savoir au Roy son frére, qu'êle dézirét de l'âler trouver, parce qu'ēle ne pouvēt plus demeurer dans la mézon de Sicharbas ſon feu Mary; acauze que céte habitaſion renouvelēt continüélemant ſes douleurs: Le Roy conſantit volontiers au dézir de la Princēſe ſa Seur, ſous la créanſe qu'il avēt, qu'ēle ferét aporter avec ēle, tous les Trézors de ſon Mary. Ele avét fēt fére un gran nonbre de balôs, qu'ēle conēſét trés-bien, dont les uns étént ranplis de toutes les Richēſes de feu Sicharbas, & les autres qui étént an baucoup plus gran nonbre, n'étént ranplis que de pierres, mélées avec du Sable de la Mer: Ele fit charger tous ces balôs dans ſes Vēſeaux, avec tout ce qu'ēle avēt de plus préſieux; & étant an Mer, ēle contrégnit tous ceux qui n'étênt pas de ſon intellijance, & qui ne ſavênt point ſon ſecret, de jéter dans la Mer, tous les balôs qui n'étênt ranplis que de pierres & de ſable ; dizant qu'ils contenênt les malheureuzes Richêſes, qui étênt cauze que ſon Frére Pygmalion, avoit mizérablemant âſâſiné ſon Mary Sicharbas, pour les pôſéder. Ce qu'étant fét, êle ſe prit à pleurer trés-pitoiablemant, & d'une voix haute & lamantable, êle apeloit ſon Mary Sicharbas, & êle le priét de recevoir de bon cœur les Richêſes qu'il avér lêſées, & de reçevoir côme an ôfrande mortüére, les Trézors qui étênt cauze qu'on lui avét ôté la vie. Ele adrêſa an ſuite ſes Paroles, à tous ceux qui étént dans le Vêseau, regardant particuliéremant ceux qui n'étênt pas de son conplot, ni de son intellijance; & éle leur dit, que toute son espéranse étét an la mort, & qu'éle l'avêt toûjours souhétée, depuis cêle de son Mary; & que quant à eux, qu'ils ne devênt atandre rien autre choze, que des tourmans, & des suplices trés-crüels, pour les récompanser de ce qu'ils avênt jétés de si grandes Richêses dans la Mer; & d'avoir par ce moien anpéché, que l'avarice du Tyran, ne rêsût le contantemant qu'il s'étét persüadé, an pôsédāt un Trézor, pour la convoitize duquel, il avêt ansanblemant cômis un sacrilége, & un parricide. Ce Discours étôna si fort ceux qui l'écoutênt, & qui ne conêssênt point le secret de l'afêre; & êle les éfroia de têle sorte, qu'ils se rézolurent de la suivre, & de s'anfuïr avec êle, de crinte de tonber antre les mins du Tyran. Sur céte rézolusion, êle sacrifia à Hercule, duquel Sicharbas, avét été le gran-Prêtre: Aûsi-tôt êle fit métre les voiles aux vans, & an peu de tans ils arivérent tous, trés-heureuzemant, an l'Ile de Cypre, où êle fut rêsûë par le Gran-Prêtre de Iupiter, qui êant été averti par les Dieux, de l'arivée de la Princêse Elisse, dans céte Ile; avec ordre de l'aconpagner par tout où êle irét, & de suivre sa fortune, à la charge que lui, & ses dêsandans, aurênt toûjours la dignité Sacerdotale: A ces condisions il obéit, & il s'anbarka, avec sa Fâme & tous ses Anfans: Et céla fur pris, pour un trés-bon, & trés-heureux prézage.

De toute ansiêneté, la coutume a été an l'Ile de Cypre, d'anvoier à certins jours, les Filles de l'Ile, sur le bor de la Mer, afin qu'êles consacrâsent leur Virginité à la Déêse Vénus, & qu'an se prostitüant, êles gagnâsent leur Mariage; à condision, qu'aprés être mariées, êles viveroient chastemant tout le reste de leur vie.

Côme les Vêseaux de la Princêse Elisse, prenênt leur route le lon de la Côte de l'Ile de Cypre, pour continuër leur navigasion de l'Est à l'Oüest, ou de l'Oriant à l'Occidant: Il y avét alors anviron cent, ou cént vint, de ces Filles, qui an atandant quelque bône fortune, se promenênt au lon du bor de la Mer : La Princêse les fit toutes anlever, & êle les fit antrer dans ses Vêseaux, pour les dôner an Mariage, à de jeunes Hômes, dont êle avêt un gran nonbre dans ses Navires, où il n'y avét aucunes Filles, ni Fâmes, que cêles qui étént de sa Mézon, & à son service particulier, & quelques Fâmes qui s'étént volontéremant anbarquées avec leurs Maris, & qui ansanble, avént bien voulu suivre la fortune de la Princêse, dont le dêsin, qui lui avét êté inspiré par les Dieux, étêt de batir une Vîle, an quelque lieu, où le vouloir Divin la conduiroit; & de la peupler par le moien de toute céte Iounêſe, & de tous ceux qu'éle anmenét avec éle, & qui ſuivént de bon cœur, le cours de ſa deſtinée.

Cepandant Pygmalion, qui avét ſû la fuite de ſa Seur, ĉant apris qu'éle avêt anlevé & anporté avec êle les Trézors, & toutes les richêſes de Sicharbas, ſon défunt Mary, s'étét préparé pour la ſuivre, & il étêt rézolu de lui fére une cruële Guerre : Et toutefois il n'an fit rien ; ce ne fut pas que ſa Mére, par ſes pleurs, ni par ſes priéres, pû rien gagner ſur ſon Eſprit, ni an faſon quelconque, rien diminuër de la rézoluſion qu'il auoit prize : Mês il en fut antiéremant anpéché par ſes Devins, qui divinemant inſpirés, lui dirent qu'il lui étét inpôſible d'anpécher ce qui avét été arété au Conseil des Dieux, qui étét que la Princêſe Eliſſe batirêt une Cité, dont l'acroîſemant ſeroit merveîlleux, & à laquéle les Dieux ſerént plus favorables qu'à toutes les autres Vîles du Monde ; & qu'anfin il n'étét pas an ſa puîſanſe de l'anpécher, & qu'il ne demeurerêt pas inpuni, ſi ſeulemant il ſe métét an devoir de le fére.

Cepandant la Princêſê Eliſſe navigeoit jour & nuit, & tous ſes vaiſeaux ayās été portés par une Tanpête, an la Côte d'Afrique, êle s'y aréta avec toute ſa Flote, où an peu de tans, êle & ſes Ians firent conêſanſe avec ceux du Péïs, par le moien des Trocs, des Echanges, des Vantes, & des Achas, qu'ils fézént avec eux ; où les Afrikins trouvans des gains & des profis tres-consſidérables, ûrent grande amitié pour ces Etrangers : Et ce fut ce qui dôna lieu à la Princêſe, d'achéter de Iarbas Roy du Péïs, autant de place qu'éle an pourét anvironer ou anclore, avec le cuir d'un Beuf, pour y fére rafréchir ſes Ians, an atandant qu'êle pû partir pour s'an âler : Ce marché étant înſi fét, êle fit couper ce cuir an éguîlétes, ou plûtôt an des laniéres trés-déliées, & par ce moien êle anferma baucoup plus de Terre, dans le circuit formé par ces laniéres, que le Roy Iarbas ne s'êtêt imaginé ; & ce fut acauze de cela, que ce lieu, capable de contenir une tres-grande Vîle, fut apêlé Byrſe du Grec Byrſa, qui ſinifie cuir ; ce qui eſt bien expri-

exprimé par Virgile, côme il suit.

Mercatique solum facti de nomine Byrsam,
Taurino quantum posset circumdare tergo.

La Princêse êant fêt mêtre pié à terre à la plus parc de ceux qui étênt dans ses Vêseaux, & êant fét dêsandre toutes les ustansilles & bagages qui leurs étênt nécêsérés, êle fit dispozér le tout an trés-bon ordre, sur la place qu'éle avêt achétée, où les Peuples voizins, & méme ceux qui an étênt fort éloignés, venênt de toutes pars, y étans atirés par le gain qu'ils fézênt sur les vivres, & sur toutes les Marchandizes qu'ils y aportênt; de sorte que ces Etrangérs s'y habitüérent tout à fét, & d'une

M

sinple place unie côme une raze canpagne, ils an firent an peu de tans une âsés grande Cité. Tous les Peuples d'Afrique, les voulans rétenir dans leurs Péis, priérent la Princêse, d'y demeurer, & méme les plus riches Bourjois, & les plus hônêtes Habitans d'Vtique, & de diverses autres Vîles, firent pluzieurs dons & de grans prézans, à ces nouveaux venus, pour les obliger à demeurer dans le Péis, leur declarans qu'ils les récônêsênt côme leurs plus proches parans, & ils les priérent de batir une Vîle au lieu où ils avênt cômancé à s'établir, ou an tout autre andrét, qu'il plérêt à leur Princêse, de choizir dans le Péis.

La terre êant été ouverte

pour cômanser les fondemans de céte prétanduë Vîle, on trouva la tête d'un Beuf, & cela fut pris pour un témoignage âsûré, que la Vîle avec le tans, deviendrét trés riche, més trés laborieuze, & qu'anfin êle serét reduite sous le joug d'une perpétüéle servitude; ce qui fut cauze, que les fondemans an furent cômansés an un autre andrét, auprés d'un Bourg nomé Carta, ce qui a doné lieu à Cartage, laquéle auparavant, à cauze du cuir de Beuf, s'apéloit Byrse, côme il est dit; on y trouva une tête de Cheval, & cela fut estimé estre un prézage âsûré, que la Vîle serét un jour trés puîsante, & que ses Habitans serônt trés généreux. La rénômée de céte nouvéle Vîle fut si grande, qu'éle y atira des Peuples de diverses Contrées, & de pluzieurs Nâsions; de sorte qu'an peu de tans, éle devint trés-populeuze, & trés-puîsante.

Il n'y a pas dequoi s'étôner, de ce que Iarbas, Roy du Péïs, & de toute la Mauritanie (celui-la méme qui avét vandu à la Princêse Elisse, autant de Terre qu'éle an pourét anvirôner, avec la peau de Beuf, coupée côme il est dit) devint pâsionémant amoureux de céte Princêse; il savét, qu'éle étét admirable an bauté, & an vertus, qu'éle étét trés-sage, & trés-prudante, & qu'éle pôsédét de prodigieuzes richêses; il la voulét épouzer, & pour cét éfet, il anvoia quérir quelques-uns des prinsipaux Bourjois ou Habitans de Cartage,

Il leur demanda leur Princêse, au mariage, & il leur déclara la Guerre, s'ils n'y consantênt : ceux-cy s'étênt angagés à ce Roy, de porter de sa part, parole de Mariage à leur Réne, & côme ils ne l'ozênt fére ouvertemant, ils luy dirent, que le Roy Iarbas, leur avoit fét demander quelques Persônes capables d'instruire ses Afriquins, pour leur anségner à vivre plus civilemant qu'ils ne fézênt : Mês quoi, direntils à la Princêse, serét-il pôsible, de treuver quelqu'un, qui voulût quiter ses Parans & ses Amis, pour âler pâser sa vie à instruire des Barbares qui vivent côme des bêtes brutes? La Réne, êant bien oüy ce discours, êle les reprit fort égremant, & êle leur dit, qu'ils aurênt gran tort, de refuzer de vivre avec des Peuples grôſiers, & de leur anſégner à vivre avec plus de civilité, & de politêſe qu'ils ne fézênt ; & que cela regardét le bien de leur Vîle ; pour la conſervaſion, & pour l'acrêſemant de laquéle, un chacun étét obligé de mourir, lorſque la nécêſité le réquéreroit : Aûſi-tôt ils lui déclarérent la volonté du Roy Iarbas, & ils lui dirent qu'êle étét obligée de fére êle-méme, ce qu'éle cômandét aux autres, ſi êle voulét pourvoir à la conſervaſion, & à l'utilité de Cartage. La Réne, ſe voiant adrétemant ſurprize par la ſubtile propoziſion, & par la preſſante réponſe de ſes ſujés, les Bourjois & Habitans de la Vîle de Cartage ; êle leur dit, qu'êle étét rézolüe de fére tout ce qui serét rézonable & nécêsére, tant pour leurs particuliéres conservasions, que pour céle de sa Vîle ; & êle ne leur demanda que trois mois de tans, pour fére ses préparatifs. Ils la rémerciérent de céte réponse, qui leur sanblét bien convenir à leur propozision, & à leurs dézirs ; & insi ils se retirérent trés-contans. La Réne au contrére s'êtant retirée an particulier, apéla les Dieux à son êde, an inuoxant Sicharbas ; êle répandit baucoup de larmes, qui furent aconpagnées de pluzieurs lamantasions : Aprés quoi êle fit savoir aux Habitans de sa Vîle, qu'êle voulét anploier le tans, qu'êle leur avét demandé, à préparer un grand Bucher, &

pluzieurs Hosties, qu'êle volét inmoler, côme pour apézer les Manes de Sicharbas son défunt Mary, auparavant que d'an épouzer un autre. Le tout êant été préparé selon son dézir, & le jour qu'êle avét destiné pour son Sacrifice, étant venu, êle monta sur le Bucher, avec un poignar à la main, d'où êant regardé tout son Peuple, qui êtét prézant, êle dit tout-haut, qu'êle âlét trouver son Mary Sicharbas, côme êle avét promis, & aûsi-tôt êle se tüa : Estimant qu'il êtét baucoup plus honête de périr par une mort généreuze & volontére, que de pôlüer sa premiére couche, par de secondes Nôces.

Tous ses Sujés étrangemant surpris, d'un accidant si peu

atandu, n'ûrent recours qu'aux larmes, & leurs gémîsemans, pénétrans les Ers, y fézênt retantir leurs plintes de tous côtés, apélans, & c'étoit vénemant qu'ils apélênt Elisse, leur Princêse, & leur bône Réne.

Ils lui firent de grans hôneurs Funébres; & tant que Cartage a subsisté, êle y a toûjours été honorée & adorée côme une Déêse: Ele fut apélée Didon, parce qu'êle étét généreuze, magnanime & toute resplandîsante d'honeur & de vertu.

De ce qui est dit il suit, que l'Enéïde de Virgile, est une piéce toute fabuleuze, & féte à plézir; & c'est avec grande rézon que pluzieurs graves Auteurs, font fére à Didon de longues & de justes plintes, contre ce Poëte; dont quelques-unes suivent.

Au 4. Livre de l'Anthologie des Grecs, il y a un Epigrame d'un Auteur incertin, qui a été tourné an Latin, côme il suit.

Archetipon Didus inclytæ, ô
hospes, vides,
Imaginem, divina pulcritudine
lucentem.
Talis etiam eram, sed non ani-
mo qualem audis,
Malam ex virtute opinionem
sortita.
Neque enim Æneam unquam
vidi, neque temporibus
Trojæ eversæ veni in Libyam:
Sed vim fugiens Iarbæ Nup-
tiarum,
Fixi per cor gladium ancipitem.
Pierides, quid in me sanctum
armastis Maronem?
Hæc contra nostram mentitus
est pudicitiam.

Ce qui peut être antandu

en Francés à peu prés côme il ſuit.

Vous ô noble pâſant, étranger, ou qui que vous ſoyés, qui regardés céte Image : Croiés certénemant qu'êle eſt la vraie réprézantaſion de moi, trés-généreuze & trés-infortunée Didon : Vous la voiés éclatante d'une lumiére Céleſte, & d'une divine bauté. Oüi il eſt certin, que céte Image eſt mon vray Portrét, & qu'êle réprézante parfétemant mon extérieur, mês ni mon eſprit, ni mon ame, n'ont jamés êtés atins de luxure, ni antâches d'aucune inpudicité. On a eü une trés-faûſe, & trés-mauvéze opinion de ma vertu, on l'a déguizée & convertie, ſous la forme du vice : Car il eſt vray que je n'é jamés vû Enée, & que je ne suis pas venuë an Libye, au tans de la détrucsion, & de la rüine de Troie : Et ce n'a été que pour éluder les dézirs & les solicitasions de mes Peuples, qui voulênt m'obliger à épouzer le Roy Iarbas, qui brûlét d'amour pour moi, que je me suis dônée, d'un poignar dans le cœur : Parce que j'étês bien persüadée qu'il m'étêt baucoup plus glorieux & plus hônête, de périr par une mort généreuze & volontére ; que de polluër ma premiére couche, par de secondes Nôces; Pourquoi, donc, ô Sintes & Divines Muzes, qui êtes les éternêles conservatrices de l'hôneur, & les fidéles gardiênes de la Chasteté : Pourquoi, donc, ô divines Piérides, avés-vous armé le pudique Virgile, con-

contre moi : Vous savés que les Ecris qu'il a fés contre ma pudicité, sont faux, & qu'êtans diamétralemant ópozés à la vérité, ils ne sont ranplis que de mansonges, & de vanités.

Ausone a traduit céte même Epigrame d'une autre fâson. Il a fêt les deux Vers suivans sur le sujét de Didon.

Infelix Dido, nulli bene nupta marito,
Hoc pereunte fugis, hoc fugiente peris.

L'infortunée Didon, a abandóné son Péis, par la perte de son premier Mari ; & êle s'est doné la mort, par la crinte d'an avoir un second, & pour ne pas concourir an de secondes Nôces.

S. Hiérôme, propoze Didon pour exanple, à Géronria, fâme

de Kalité, pour qu'êle vive chastemant dans sa vidüité & pour qu'êle ne concoure pas an de secondes Nôces.

Divus Hieronimus ad Gerontiam viduam de Monogamia.

Vt omittam Virgines Vestæ, & Appollinis, Iunonisque, Achivæ, & Dianæ, ac Minervæ, quæ perpetua Sacerdotij virginitate Marcescunt: Stringam breviter Reginam Cartaginis, quæ magis ardere voluit quam Hiarbæ Regi nubere. &c.

Explicasion.

S. Hiérôme anvoie une Létre à Gérontia, trés-noble Dame qui êtét veuve d'un premier Mari; pour l'exorter à vivre Chastemant, & à ne se point remarier: Antre divers

& trés-baus discours, & trés-exêlans rézonemans, qu'il lui fét sur ce sujet; il lui écrit ceux qui sont conpris au Latin précédant, & qui peuvent étre antandus an Fransés, côme il suit.

Pour que je ne vous antretiéne point des Vierges Vestâles, & de cêles qui sont consacrées à Apollon, à Iunon, à Diane, & à Minerve, & qui gardent une perpétüéle Chasteté: Ie vous reprézanteré an péu de paroles, & je vous dôneré, pour un vrai exanple, Didon, céte généreuze Réne de Cartage, qui éma baucoup mieux brûler, que d'épouzer le Roy Hiarbas, & insi éviter de concourir an de secondes Nôces.

Et ancore S. Hiérôme, conre Ioviviam, Livre premier.

Divi Hieronimi adversus Iovivianum Liber primus.

Vt veniam ad Maritatas, quæ mortuis vel occisis Viris supervivere noluerint, ne cogerentur secondos nosse concubitus, & quæ mire vnicos amaverunt Maritos; vt sciamus Degamiam apud Ethnicos etiam reprobari. Dido Soror Pygmalionis, multo auri & argenti pondere congregato in Affricam navigavit, ibique vrbem Cartaginem condidit: Et cum ab Iurba Rege Libiæ in Conjugium peteretur; paulisper distulit nuptias donec conderet Civitatem, nec multo extructa in memoriam Mariti quondam Sichej Pyræ maluit ardere quam nubere. Casta Mulier Cartaginem condidit & rursum eadem Vrbs in castitatis laude finita est, &c.

An Fransois.

Mês pour parler des Fâmes qui avênt été mariées une fois, & dont les Maris êtênt mors, soit qu'ils ûsent été tüés, ou autremant, & qui n'ont pas voulu leur survivre, par la seule apréha sion qu'êles avênt d'être obligées de concourir an de secondes Nôces (afin que vous sachiés, que les secons Mariages ont de tous tans été fort reprouvés, même chés les Payens, ou Gentils) Ie vous diré, que Didon, Seur de Pygmalion, êant amâsé une grande kantité d'Or, & d'Arjant, se retira par mer an Afrique; où êle fit bâtir la Vîle de

Cartage ; & qu'étant récherchée an Mariage par Iarbas Roy de Libie, & fort prêsée de l'épouzer, tant par les continuëles solicitasions de ses Peuples, que pour l'excessif amour que ce Roy lui portêt : Ele remit l'aconplisemant des Nôces, aprés la construcsion de sa Vile ; an laquêle peu de tans aprés, êle êma baucoup mieux brûler, dans le feu, & dans les flâmes, d'un gran Bucher, qu'êle avêt fét drêser, an l'hôneur, & an la mémoire, de son dêfunt mari Sichée ou Sicharbas ; que de se remarier. Insi céte chaste Dame, fit construire la vile de Cartage, dans laquêle êle a volontéremant dôné fin à sa vie, an l'hôneur, & an la loüange de la Chasteté.

S. Hiérôme poursuit fortomant son discours contre les secons Mariages, où il fêt cônêtre, qu'êtans reprouvés, même chés les Payens, qu'ils ne sont tolérés chés les Crétiens, que côme un remède à la fêblêse de ceux qui ne se peuvent pas contenir. *Ne forte deterius inde contingat. &c.* Selon la Décrétale: Et par la crinte qu'on pourêt avoir, qu'il n'an avint quelque choze de pire.

Macrobe, parlant de Virgile, & de l'Enéide, aprés quelques discours, dit,

Macrobij Saturnaliorum Liber quintus.

Non frustra dixi: quia non unius racemis vindemiam sibi fecit: sed bene in rem suam

vertit quicquid vbicumque invenit imitandum: &c.

Et aprés quelques discours, il dit,

Vt fabula lascivientis Didonis, quam falsam novit vniversitas. &c.

Aprés quelques autres discours, il dit,

Vt omnes Phœnissæ Castitatis conscy, nec ignari manum sibi injecisse Reginam, ne pateretur Damnum pudoris. &c.

Tous lê-quels discours peuvent être antandus côme il suit,

Macrobe, très-îlustre Senateur Romin, au cinquiême Livre de ses Saturnâles, déclare la faûseté de l'Histoire de Didon & d'Enée, il dit qu'êle est universêlemant cônüe pour une pure fable, & que néanmoins, tant par la longueur du tans, que par des discours subtils, & adrêtemant suivis, êle avét eü couleur de vérité, chés presque tous les Peuples; puis il fêt quelques agréables alluzions, an conparant les Auteurs aux Pintres, à leurs Pintures & Tablaus, & à leurs diverses & fabuleuzes réprézantasions, côme aûsi aux acsions, jestes, postures, & aux divers mouvemans, & Chansons des Bâteleurs, Farseurs, ou Hystrions. Aprés avoir dit que Virgile, ne se contante pas, d'une grape, qu'il a prize ailleurs, pour fêre, ou pour ajoûter, à ses vandanges; mês qu'il s'acomode de tout ce qu'il rancontre, & le change côme il lui plêt à son avantage: Il dit ces chozes, an se mokant adrétemant de lui, & des Auteurs pillars, qui convertîsent les vertus sous les formes des vices; & les Istoires an autres. Avant cela il a parlé des Argonautes, de Iazon, de Didon, d'Enée, &c. Surquoi il dit que les Auteurs font des descripsions, réprézantasions, fixions, fintes, fables, côme si êles venênt d'eux-mêmes, ou de leurs invansions, & qu'êles fûsent de pures vérités. &c.

Et insi Macrobe conclu trés-judicieuzemant, que les délicates & subtîles descripsions de ce Poëte, n'ont anfin servi, qu'à fére dautant mieux conêtre l'exêlante chasteté Phéniciêne, an la persone de la généreuze Didon, laquêle a mieux êmé mourir, que de soufrir la moindre tache an son hôneur, & an sa pudicité.

Mês c'est trop parler an faveur de Didon, contre le Poëte Virgile, il lui a fêt une trés-grande reparasion, & amande honorable, an déclarant luimême, par le Testamant de ses derniéres volontés, qu'il voulét que toute son Eneïde fut mize au feu, & antiéremant brûlée, & il n'y a eü que la seule puîsanse d'Auguste, qui an ait anpêché l'exécusion.

CHAPITRE IX.

De la Fondasion de Rome, des Vierges Vestâles, & des Feux Sacrés des Ansiens.

TOus les Cronologistes sont d'acord, que la Vîle de Rome a êté fondée par Romulus, & que les Romins tirent leur Généalogie d'Enée, Prince Troien, qui êtét proche Parant & Iandre de Priam, acauze de Creüze fille de ce Roy, qu'il avét êpouzée ; & qu'aprés la rüine de Troie, il vint an Italie,

lie, qu'il y épouza Lavinie, fille du Roy Latin, ſoit qu'à ſon ariuée, il y ût été bien reſû par le Roy Latin, qui lui ôfrit ſa fille an mariage : ou qu'il n'ût épouzé Lavinie, qu'aprés pluzieurs Conbas, & Batailles, donées contre le Roy Turnus, Mari de Lavinie, qui s'étét opozé à ſa dêſante, & qui s'ê-tét déclaré ſon ênemi; qui fut anfin tué an un conbat ſin-gulier, par Enée, côme il eſt dit cy-devant. Quelque-tans aprés, Enée ſuccéda au Roy Latin; & il régna trois ans, aprés lê-quels il lêſa ſon Royau-me à ſon fis Aſcanius; que quelques-uns eſtiment, qu'il ût de Lavinie, fille du Roy Latin: & d'autres croient, qu'il l'ût de Creüze, ſa premiére Fâme, fille de Priam: Mês quoi qu'il an soit, on est d'acor qu'Ascanius succéda à Enée son pere, & qu'Ascanius, aprés avoir régné trant'ans, lêsa ses Etas à Silvius, qui avét été lon-tans nouri dans les Bois : Les Auteurs ne sont pas d'une même opinion touchant cét Enéas Silvius ; les uns dizent, qu'il ètét fis d'Ascanius, & par consékant petit fis d'Enée : les autres au contrére, veulent qu'il soit fis d'Enée, & de Lavinie : ils dizent que Lavinie fut promize an mariage à Turnus, par le Roy Latin, & par sa Fâme Amata ; mês qu'èant été avertie par l'Oracle, que la volonté des Dieux, êtét, qu'êle fut Fâme d'un Etranger, ils la mariérent avec Enée, surquoi Turnus lui fit la guerre, Enée le tüa, puis il succéda au Roy Latin pére de Lavinie, & il régna trois ans, ou auviron, puis il mourut, & sa Fame Lavinie, êant crinte d'être mal-trétée par Ascanius, fis d'Enée & de Créüze, êle se retira dans une Forês, vers le Pasteur Tyrrhée, qui étét le Gardien général des Troupaus du Roy Latin son pére; où êle acoucha d'un fis, qui fut nômé Sylvius, du Latin Sylva, qui sinifie une Forés, il fut aûsi nômé Posthumius, à cauze qu'il avét ëu nêsanse aprés la mort de son pére; & qu'Ascanius êant fét revenir Lavinia, il lui dona la Vîle de Lavinium, qu'êle lêsa à son Fis. &c. Quoi qu'il an soit, ce Silvius lêsa son Royaume à son fis Enéas Silvius, qui lêsa ses Etas à son fis Latinus Silvius, qui érablit quelques Colonies qu'on apéla les vieus Latins; son fis Alba lui succéda, Atys succéda à Alba, Capis succéda à Atys, & Capitus à Capis, & Tibérinus succéda à Capitus, ce Tibérinus se néa voulant pâser le Fleuve Albule, & c'est de là que ce Fleuve a été apélé Tibre; Agrippa succéda à son pére Tibérinus, Romulus Silvius succéda à son pére Agrippa, ce Romulus fut tüé d'un coup de Tonerre; Aventin succéda à Romulus, cét Aventin fut inhumé dans une Montagne qui fét à prézant une partie de Rome, & qu'on a toûjours du depuis nômée Mont Aventin; Procas régna aprés Aventin, Numitor & Amulius furent les Anfans de Procas, Numitor fut pôsêseur du Roiaume, & par le droit d'ênêſe, & par le Teſtamant de ſon pére; mês il an fut preſqu'aûſi-tôt châſé, par ſon frére Amulius, qui s'an randit le Souverin, qui fit an ſuite tuër tous les Anfans mâles de ſon Frére; & ſous prétexte de fère hôneur à Rhéa Silvia ſa niéce, fille de ſon frére Numitor, il la choizit pour Veſtale, & par cét hôneur, qui exijét une Virginité perpétuële, il lui ôta l'eſpéranſe d'avoir jamês aucuns Anfans: Mês par des êfés des Deſtinées, Rhéa Silvia devint grôſe: Surquoi les Auteurs ont des opinions trés-dîférantes, pour ſavoir de qui, de quand, & du lieu; Quoi qu'il an ſoit, êle acoucha de deux Anfans gémeaux, & êle proteſta que Mars an êtét le pére; soit qu'an éfét êle le crût insi ou qu'il lui sanbla hônête, de couvrir sa faute par l'acsion d'un Dieu,

Quelques Auteurs ont opinion, que son oncle Amulius, êtant armé de toutes piéces, la fut surprandre de nuit, & que par ses paróles & par ses Armes, il lui üt fêt crére qu'il étét le Dieu Mars, pour avoir sa conpagnie &c. Néanmoins il fit métre la Vestale dans une bâsse fôse, & il cômanda qu'on jéta les Anfans dans la Riviére; celui qui an resût le cômandemant, mit les Anfans dans un bersau, ou dans une Auje, & il les abandona au courant de l'eau, qui, an ce cas, fut plus pitoiable que les Hômes, êle les poûsa au bor, où ils furent rancontrés par une Louve, qui les oiant crier, êle les aléta; ce qu'étant apersû par Faustule, Berger, qui auoit le soin des Troupaux du Roy, il les anporta dans sa Bergerie, où il les fit nourir, par l'Aurance sa Fâme. Quelques Auteurs ont opinion, que céte Fâme fut apélée Louve, par les Bergers qui la cônêsênt, parce qu'êle se prostituêt à tout le Monde, & que c'est ce qui a dôné lieu à tout ce qu'on a dit sur ce sujet.

Aûsi-tôt que ces Anfans furent grans, ils s'adonérent à la Châse, ils Châsérent & les Bêtes, & les Voleurs, & ils partagênt leurs proyes & leurs butins antre les Bergers; & côme leurs Troupaus & leurs Richêses s'augmantérent, ils établirent des Ieux & des Fêtes. Quelques Istoriens dizent, qu'ils célébrérent les Ieux Luperkaux au Mont Palatin: Faustule leur déclara leur origine; & du depuis, aprés pluzieurs accidans qui leur ârivérent, ils tuérent Amulius, & êant tiré Numitor de prizon, il les recônut pour ses petis Fîs: Ils bâtirent une Vîle, au méme lieu, où ils avênt été exposés. Romulus tûa Rémus, ou par la Guerre, cauzée par le nonbre des Oizeaux qu'ils virent chacun; ou soit que par mépris, Rémus ût sauté à joins piés, par dêsus les Murailles de la Vîle qu'ils bâtisênt: Romulus régna seul: télemant qu'il a été le fondateur originére de la Vîle de Rome, & des Romins.

Surquoi on remarquera qu'il

y à quinze à séze génerasions depuis Enée, jusqu'à Romulus, qui peuvent, au moins, avoir duré xatre sans ans, & la vérité est, selon les meilleurs Istoriens, que depuis la fondâsion de Cartage, jusqu'à cêle de Rome il n'y a pas cent ans, côme il est montré ci-devant; & par consékant Enée a précédé Didon, de plus de trois sans ans; on à donc eû grande rézon d'écrire en faveur de céte généreuze Réne, contre ce qu'an a dit Virgile dans son Enéïde, qui n'est qu'une continüêle calomnie, au régar de Didon.

Des Vierges Vestales.

PLuzieurs Auteurs dizent, qu'Enée êant fét bâtir la Vîle qu'il nôma Lavinium, à cauze de l'amour qu'il avét pour sa deuziéme Fâme, qu'on apélét Lavinie, il y fit construire un Tanple qu'il consacra à la Déése Vesta, dans lequel il mit les Dieux Pénates, & le Feu sacré des Vestales, qu'il avét aporté de Troie: Surquoi on remarquera que Ponponius Lœtus, Istorien Romin, & pluzieurs autres bons Auteurs, nômant ce Feu, l'apêlent le Feu sacré des Vestales, à cauze qu'il étêt gardé par les Vestales, il y avét donc des Vestales à Troie qui gardênt ce Feu, & il est à crére, que de toute antiquité il y eü des Réligions, des Tanples & des Dieux; & Numa Ponpilius, a pû être le premier, qui a antretenu des Vestales, des deniers du Trézor public; mês on peut bien crére qu'il y an a eü de tous tans, qui êtênt les Gardiénes des Feux Sacrés, qu'on conservét dans les Tanplés, & sur les Autels, côme il sera dit cy-aprés.

Ie dis donc, aprés pluzieurs Auteurs, que Vesta ou Vestale, qui est aûsi quelque-fois antandüe pour la Terre, est insi nômée, de ce qu'éle subsiste par sa propre puîsanse, *Quia vi sua stat*. Ou par ce qu éle est revétüe de toutes chozes, *eo quod rebus omnibus Terra vestiatur*. Ele est aûsi souvant prize pour le Feu, Ovid. 6. Fast. *Nec tu aliud Vestam, quam vivam intellige Flammam*. Vous ne devés estimer que Vesta, soit autre choze qu'une trés-vive flame. Et puis. *Nataque de flamma, Corpora nulla vides*. Vous ne voiés aucuns cors, qui prênênt nésanse du feu ni de la flame! Et c'est à bon droit qu'on nôme Vierge, cêle qui ne dône point de semanse, ou qui ne produit rien.

Selon les Ansiens, il y a trois Vesta ou Vestales, l'une est mére de Saturne, ou du Tans; l'autre est fille de Saturne, ou du Tans; & la troiziéme provient de la semanse de Saturne, ou du Tans, ou des chozes qui sont. *Ovid. 6. Fast. Ex Ope Iunonem memorant, Ceremque creatas, semine Saturni: tertia Vesta fuit. &c.*

Pour ne s'amuzer point à de plus exactes recherches qui requiérent trop de pâsianse, & trop de tans; nous dirons succintemant, qu'aprés qu'Ascanius ût bâti la Vîle d'Albe, il il édifia un Tanple à la Déêse Vesta, au Mont Alba, auprés duquel il y avét un Bois, consacré à la méme Déêse; quelques Auteurs estimment que ce fut an ce Bois-là, que Rhéa Sylvia, fille de Numitor, mére de Rémus & de Romulus, fut angrôsée par le Dieu Mars.

Les Filles consacrées à la Déêse, gardênt une perpétüéle Virginité: Et cela dura succêsivemant pluzieurs ânées jusqu'à Romulus, qui bâtit Rome, où il institüa divers Ieux, & Fêtes, les Ieux nômés Consualia, ou Ieux du Conseil, étênt consacrés à Neptune Chevalier; Ce fut durant ces Ieux, que les Sabines furent anlevées à Rome; & Talazie qu'on invoquêt aux Nôces, & aux Mariages, prit là son origine, par l'anlévemant d'une Sabine parfétemant bêle, qui étêt pour Talesius. Le Tanple de Iupiter Férétrien fut bâti an ce tans-là; côme aûsi celui de Iupiter Stator, & pluzieurs autres, que je pâse sous silanse pour venir à Numa.

Numa Pompilius, fit bâtir un Tanple ron à la Déêse Vesta, dans lequel les Vierges Vestales gardênt le Feu sacré; la rondeur de ce Tanple, sinifiêt non seulemant céle de la Terre, mês aûsi céle de tout l'Vnivers, au santre duquel, les plus Savans d'antre les Ansiens estimênt étre le Feu, & non pas la Terre, qu'ils dizênt étre suspandüe, & fére son mouvemant à l'antour de ce feu, qu'ils créênt étre la plus noble, la plus pure, & la plus parféte de toutes les chozes qui ſont.

Numa Pompilius dona de grans biens, & de grans privilèges, aux Veſtales: Les Filles qui antrênt au ſervice de la Déêſe Veſta, avênt ſix ans au moins, & dix ans au plus; êles devênt étre ſans aucune défectüozité corporéle, & de condiſion libre & honête; leurs veux étênt de trant'ans; les dix premiers, êles étênt Novices, éles aprénênt ce qu'êles devênt fére, pour le ſervice de la Déêſe; les dix ſuivans, êles fézênt le Service de la Déêſe; & les dix derniers, êles anſégnênt les Novices; les trant'ans pâſés, éles étênt an liberté de ſe marier. Le principal ôfice des Veſtales, étét la conſervaſion & l'antretien du Feu ſacré ; s'il avenét qu'il s'étégnit, c'étét le ſigne d'un gran malheur, & la Veſtale qui an avét la garde, étét foüétée par le gran Pontife ; & on le ralumét avec des miroüers expozés aux réyons du Soleil.

Il eſt à remarquer que le Feu Sacré s'étégnit à Rome, & cela cauza la Guerre des Romins, contre le Roy Mitridate : Et le Feu, & l'Autel, éans été une fois antiéremant conſômés, cela fut cauze d'une crüéle guerre Civile.

A Athénes, la Sinte Lanpe s'étégnit au tans de la tiranie d'Ariſtion.

Vn pareil accidant avint à Delphes, lors que le Tanple d'Apollon fut brûlé par les Médois.

Vn nonbre infini de malheurs ſont ſurvenus aux lieux où les Feux Sacrés n'ont pas été conſervés, & an ceux où les Sintes Lanpes, ou Lumiéres, ſe ſont étintes.

Les Veſtales, étênt an grande révéranſe chés les Romins; ſi éles ſortênt an Puplic, on portét par hôneur, des mâſes d'or & d'arjant devant êles; ſi êles rancontrênt quelque Criminel qu'on mena au ſuplice, éles lui ſauvênt la vie; ſi quelqu'un ſe jétét ſur leurs Chézes quand on les portét par la Vîle, il étét puni de mort: Et pluzieurs autres trés-baus priviléges, qu'eles avênt obtenus de la libéralité, & de la muniſiſanſe de Numa.

Eles fézênt veu de Virginité, lors qu'éles antrênt au Service de la Déêſe; & ſi êles contrevenênt à leur Veu, éles étêm anterrées toutes vives: côme, selon Tire-Live L. 8. il avint à Minutia, qui, soupsonée d'avoir contrevenu à son hôneur, à cauze qu'éle se parét trop sonptüeuzemant, fut anterrée vive.

Céle qui étét condânée pour avoir violé sa Virginité, étét étrétemant anfermée, dans une litiére bien couverte, & serrée de fortes corroies, de sorte qu'on n'aurét pas méme pû antandre sa voix; on la portét insi au travers de la Vile, jusque hors la porte, vis-à-vis de laquêle il y avét une Coline, ou levée de Terre, an laquêle on fézét une cave, y lêsant seulemant une ouverture par an-haut, pour y dêsandre par le moien d'une échêle, on y drêsét un petit Lit, on y métét une Lanpe alumée, & quelque peu de vivres; côme du pin, de l'eau, du lét, & de l'huile, le tout, côme par maniére de déchargé de consianse, pour qu'il ne sanbla pas, qu'on fit mourir de fin, une persône qui avét été consacrée, par les plus dévotes, & les plus Sintes Cérémonies du Monde.

Toute la Vile étét an gran deüil, lors qu'on exécutét une Santanse de mort, dônée contre une Vestale, chacun y étét dans une profonde tristêse, & tout y parêsét êfroiable, chacun suivét pitoiablemant, & sans parler, la litiére où étét anfermée la pauvre condânée; aûsi-tôt qu'on êtét ârivé au trou de la cave, où on la devét dêsandre, les Serjans oû-vrênt les sérures, & dêsérrênt les corroies, qui tenênt la litiére fermée; & le Gran-Pontife, aprés avoir fét quelques sécrétes priéres à Dieu, fézét sortir la prétandüe Criminêle, de la Litiére, & la conduizant jusque sur l'échéle, il la fézét dêsandre dans la Cave, pour n'an sortir jamês, puis l'échêle étant retirée, on ranplîsét le trou de terre, au niveau de céle du lieu où il avét été fét.

Des Feux Sacrés des Ansiens.

NOus aprenons des plus célébres Istoriens, que le Feu a été de tous tans an trés-grande vénérasion, chés les Peuples qui ont vêcu sous quelque sorte de dîcipline, &

ceux qui ont été plus rézonables & mieux policés, ont estimé qu'il y avét de la Divinité dans le Feu : Il est vrai qu'ils le distinguênt, an Elémantére, ou cômun, & an Céleste, Sacrê, ou Divin.

Le Feu, qui êtêt gardé, conservé, honoré, & même adoré par les Ansiens, & qui êtét dans les Tanples, & sur les Autels de leurs Dieux, & de leurs Déêses, êtét estimé Céleste, Sacré, & Divin; côme êtét à Rome, celui de la Déêse Vesta, celui du Tanple d'Apollon à Delphes, celui du Tanple de Diane à Ephéze, celui qui êtét à Athénes au Tanple de Minerve, & pluzieurs autres. Surquoi on observera, que Minerve abandona les Rhodiens, à cauze que les Sacrifices qu'ils lui fézênt étênt sans feu, & éle se dona aux Athéniens, qui sacrifiênt toûjours avec, ou par le moien du Feu.

Les Argiens, Peuples Grecs, conservênt, dans le Tanple & sur l'Autel d'Apollon, dans la Vîle d'Argos, le Feu qui êtét tonbé du Ciel an Terre; & si par malheur ce Sint Feu, venét â s'étindre, ils le r'alumênt par le moien des réyons du Soleil; & c'est ce qu'on a du depuis observé à Rome, & par tout ailleurs où on gardét les Feux Sacrés: Et la Cérémonie du renouvêlemant du Sint Feu, se fézét tous les ans par les Vestales, le premier jour de Mars &c.

Les Persans révérênt le Feu sacré plus qu'aucune autre Déïté, ils le promenênt souvant, &

le Roy, ou Sophy, aconpagnêt toûjours ce ſint Feu, qui êtét honorablemant monté ſur un riche & manifique Chariot, qui êtét tiré par katre des plus beaux & des plus grans Courſiers blancs, il êtét toûjours acompagné & ſuivi par autant de jeunes Hômes qu'il y a de jours an l'An, ils étênt vêtus d'habis & de robes, dont la couleur rêſanblèt au Soleil, côme peut être le plus beau jaune doré, ils chantênt incêſſamant des Chanſons & des Hymnes à la loüange de ce ſint & ſacré Feu.

On ſe persüadera facilemant que les Grecs, les Troïens, les Romins, & ceux qui étênt de leurs tans, gardênt, honorênt, & adorênt le Feu, à l'imitaſion des Egypſiens, Caldéens & Hébreux &c. & ceux-cy ſuivênt an cela les Ttadisions Mozaïques. Il ne faut point parler de Dieu sans lumiére, ou sans feu, selon les Egyp. Cald. Hebr. &c. & ce aprés Moyse, côme il est dit, le Feu brûlera toûjours sur l'Autel. Levit. 6. & de plus, *Dominus Deus tuus ignis consumens est*. Deuteron. 4. & 9. le Seigneur ton Dieu est un Feu consômant, *santificabit eos Dominus in igne ardenti, Proph. Malachie*, le Sêgneur les santifiera par le Feu ardant. Le S. Esprit n'est point lumiére seulemant, mês feu & flâme, *Lux impiorum extinguetur, Iob 18.* la lumiére des impies & des méchans sera étinte.

Origêne Homélie 19. sur le 16. du Lévitique dit : Tous ne sont pas purgés par le Feu qui part de l'Autel, c'est le Feu du Sé-

Ségneur, car celui qui est hors de l'Autel, n'est pas de Dieu, c'est un feu étranger, qui est pour le cruciemant, ou tourmant des pécheurs.

Sint Iérôme sur Ezéchiel dic, *ignis enim credentibus lux, incredulis suplicium*, le feu illumine, ou sert de lumiére aux vrais créans, mês il aveugle les Infidéles, & sert de suplice aux incrédules.

Le Ségneur parla à Moyze du milieu du feu, 4. de la Loy Mozaïque. Le Buîson ardant auquel Dieu aparut à Moyze, ne se consumét point, Exode 3.

Le Sage Salomon, apres avoir édifié le Tanple du Ségneur, & fét sa priére sur le sujet du Sacrifice qu'il ofrét à Dieu an acsion de grace, on recônut que le Ségneur avét ce Sacrifice agréable, par le Feu du Ciel qui dêsandit sur les Hosties. Iozephe, Livre 2. chap. 13.

Vn Feu dêsandit du Ciel pour recüeillir les Sacrifices d'Abel, & non pas ceux de Caïn, selon Aben-Ezra.

Ie ne parleré pas du Feu du Ciel, qui autrefois désandét tous les ans, le Samedi Sint au Sépulchre de Nôtre-Ségneur Iésus-Christ, & qui alumét tous les cierges, & toutes les lanpes qui y étênt, persône ne doute de céte vérité. Les feux des lanpes, des cierges, & des ansansemans que les Iuifs, Turcs & autres Infidêles, ont de commun avec nous, ne font aucun tort à nôtre sinte Religion, on sét tres-bien, que le Diable est le Singe de Dieu, & de la Nature, & qu'il se sert de moiens plauzibles & aparans, pour dêcevoir & voîler les yeux du cors, aûsi-bien que ceux de l'ame, à tous ceux qui ne suivent pas la vraye Réligion, & qui ne sont pas dans la bône créance. Ie n'an diré pas davantage, je lése ces haûs & divins sujets, à décider, aux sublimes espris de nos savans Théologiens, & de nos plus grans Docteurs.

Les Ieux, que les Romins nômênt Funébres, étênt célébrés an l'hôneur & an la mémoire des honorables défuns, côme les Néméens chés les Grecs.

Les Ieux Plébéjens, furent institués pour les seuls divertîsemans du Peuple Romin.

Outre les Ieux précédans, il y an avêt baucoup d'autres, tant chés les Grecs, que chés les Romins; côme chés les Grecs, ceux qu'on nômét Céréales, à cause de la Déêse Cérés, an l'hôneur de laquêle on les célébrét. Ils étênt de diverses sortes, les uns furent instirués par Triptoléme, Fils du Roy Célée, an la vîle d'Eleuse ; jamês Ieux ou Fêtes, ne furent plus réligieuzemāt observés, ni avec plus de révéranses & de cérémonies.

Les autres, étênt nômés Thalézies, ou Thaléziens, on les célébrét aprés la moisson, & on fézét de grans prézans ou offrandes à la Déêse Cérés, pour la remersier & pour lui randre graces, des biens que la terre avêt produit cête Anée-là.

Ce fut ce même Triptoléme, qui le premier institua les Fêtes & Ieux des Thesmosphores, an la vîle d'Athénes, an l'hôneur de la même Déêse, & ce pour une eſpéce de récônêſance, des bien-fês particuliers qu'il avét reſû de céte Divinité; de pluzieurs dê-quels, & même des plus nécêſéres, les autres Mortels avênt été participans.

Ces Ieux & Fêtes, étênt trés-réligieuzemant obſervés, par toutes les perſônes, tant de l'un que de l'autre ſexe: des Vierges qui fezênt veu d'une perpétuéle Chaſteté, & qui menênt une vie honête & ſans reproche; an fezênt les plus bêles Cérémonies, êles y portênt ſur leurs Têtes, les Livres, qui contenênt les Miſtéres les plusſecrés de ces bêles Solénités.

Les Laboureurs, & toutes les autres perſônes de la Campagne, & de l'Agriculture, ſolennizênt les Ambarvâles, êles furent inſtitüées par Romulus, qui créa douze Arvâles, ou Prêtres de Cérés, & de Bachus: Pour an fére plus dignemant les Cérémonies, ils fezênt des Procêsions, à l'antour de leurs Terres & de leurs Chans, tant pour leurs fertilités, que pour les prosperités de leurs Etas & Anpires; ce qu'ils obsервênt aûsi aux Terres & Péis de leurs Conquêtes; les Hosties qu'ils y sacrifiênt, étênt ordinéremant quelques Génises, qu'ils nômênt aûsi Ambarvâles, *Ab ambiendis Arvis*, par ce qu'avant que de les inmoler, ils les promenênt par trois fois à l'antour de leurs Terres, & de leurs Chans, qui portênt des Blés & des Fruis: Tous les Peuples âsistênt à ces Procêsions, & ils invoquênt hautemant, & avec grandes clameurs, les aydes &

les âsistanses de ces Divinités, pour les conservasions des biens qui étênt sur leurs Terres: Vn de la Troupe qui étét courôné d'une Guirlande de Chéne, devansét les autres, il dansét avec pas mézurés, & chantét par vers rimés, les loüanges de la Déêse Cérés, & du Dieu Bachus; puis les Prêtres, leur fezênt ôfrande, de lét & de miel; & an suite ils inmolênt leurs Victimes, an l'hôneur de ces Divinités.

Les Ieux Gimniques, furent institüés par Lycaon, an Arcadie; ils furent aûsi établis à Rome, par l'Anpereur Néron.

Les Ieux & Fêtes, qu'on célébrét à Athénes an l'hôneur de Pallas ou Minerve, & qui étênt nômés Panathénées, furent institüés par Thézée.

Les Romins, à l'imitasion des Grecs, les institüérent à Rome, & les nômérent Quinquatries; ils durênt cinq jours, au premier on fezét de grans Sacrifices à la Déêse, au 2. 3. & 4e il y avét des Conbas de Luiteurs, & de Gladiateurs; on y voiét des Cœurs de jeunes Garsons, & de jeunes Filles, qui dansênt aux Chansons: Les Méttréses fezênt de baus Festins à leurs Servantes, & éles les obligênt à fére grande chére, & à se bien réjoüir; éles les servênt de leurs propres mins, an reconésanse des utilités & des services qu'éles an retirênt durant toute l'ânée, an filant, couzant, tîsant, & fezant toutes les autres chozes, du ménage, & de service, que la Déêse avét invantés. Au cinquiéme ce dernier jour, on fezét de bêles Montres, & des Procêssions trés-solénêles, par toute la Vîle, an l'hôneur de la Dééſſe : C'étét au Printans le 18. jour de Mars, qu'on cômansét ces Ieux, & Fêtes &c.

Hérode Roi des Iuifs, l'un d'antre les plus Spirituëls, & manifiques, come l'un des plus cruëls hômes, qui êent jamés été, institüa diverses sortes de Ieux, pour les divertîsemans des Peuples, & antre les autres, & à l'imitasion des Romins, il institüa les Ieux & Conbas d'Escrime à outranse, côme aûsi ceux des Gladiateurs, contre les Bêtes sauvages, & baucoup d'autres. Il fit construire pluzieurs bêles Vîles, & pluzieurs trés-superbes bâtimans partiouliers, & antre les autres le Tanple de Salomon, ou du vrai Dieu, dans la Vîle de Iéruzalem : Ce Sint Tanple avét été pluzieurs fois ruïné, il le fit rebâtir plus gran, plus bau, plus ſuperbe, plus anrichi, plus manifique, & baucoup mieux fortifié, qu'il n'avét jamês été ; il y anploia huit ânées antiéres, & on obſerva, que durant icêles, & ſans doute, par un êfet de la Divinité, il n'y plût point durant tous les jours dêdites ânées, pour que les Ouvriers ne fûſent point retardés, an la conſtrucſion d'un ſi gran, & d'un ſi digne Ouvrage, il ne plûvét que de nuit. Trés-heureux Hérode, s'il ût reconu le vrai Dieu, qui l'avét âſiſté an la conſtrucſion d'un ſi ſint Ouvrage &c.

Les Aſcolies étênt Ieux célébrés an l'hôneur de Bachus, on les fezét sur les Téatres, on sautét à cloche-pié, sur des peaux de Boucs, anflées & huîlées, pour que les Sauteurs, dônâsent du plézir aux Spectateurs par leurs chûtes, & par les diverses postures qu'ils fezênt an tonbant.

Les Ieux Armilustres, étênt célébrés par les Guerriers, tant à pié, qu'à cheval, &c.

Les Bachanales, Libérales, Dionisiénes, & Orgies, étênt Ieux & Fêtes de persônes débauchées, tant de l'un que de l'autre sexe : On les célébrét à Rome, côme on fezét les Ieux qui étênt només Baptés, chés les Athéniens; côme il est dit ci-aprés.

Les Circences, êtênt Ieux & Conbas de prix, fort vzités à

Rome, on les fezét an l'hôneur du Dieu des Conſeils, qu'on nômét Conſe, on y courét à Cheval, côme aûſi dans des Chézes roulantes, Chars, & Chariôs, atelés de deux, trois, katre, ou plus, de Chevaux; les Vincœurs y étênt courônés de Mirthe, & ils étênt menés an gran Trionfe, au Tanple de ce Dieu. Les Anpereurs Romins, pratiquênt ces Ieux an grande manifiſanſe; ils y fezênt porter an grande ponpe & cérémonie, les Simulacres de leurs Dieux, & les Images des Anpereurs, & des grans Capiténes; avec des Apareils qui étênt aûſi ſonptüeux, que ceux des plus ſuperbes Trionfes.

Les Ieux Eleuthériens, étênt célébrés an Gréce, de cinq, an cinq ans, an l'hôneur de Iupi-

ter

ter Eleuthérien, c'est-à-dire conservateur & gardien : Les Grecs les institüérent, aprés qu'ils ûrent défet trois sans mîle Persans, prés le Fleuve Azope, sous la conduite de Mardonius ; & insi ils redônérent la liberté à la Gréce.

Les Ieux Floraux furent célêbrés à Rome an l'hôneur de Flora, qui étét une Courtizane, qui fit le Peuple Romin éritier de tous ses biens ; & de plus, êle lêsa une notable sôme d'arjant, pour la célébrasion de ces Ieux, qu'éle voulut être apelés de son nom. Més quelque-tans aprés, les Romins êant honte de fére tant d'hôneur à une Putin ; ils la kalifiérent Déêse des Fleurs. Ces Ieux étênt célébrés tous les Ans, au cômansemant du Mois de Mai, par toutes les Putins de la Vîle, êles courênt toutes nües, par toutes les ruës, portant des flanbaus alumés an leurs mins, êles fezênt toutes sortes de postures insolantes, lâcives & inpudiques : Les Ædiles, qui étênt des Magistras de la Vile, honorênt ces Ieux de leurs prézanses.

Les Ieux Séculéres, furent institués par Publius Publicola, an l'hôneur d'Apollon, & de Diane, ils furent nômés Séculéres, parce qu'on ne les célébrét que de 100. an 100. ans: C'est pourquoi le tans de les célébrer étant venu, les Héraus âlênt par la Vîle, dizans à pléne voix à tout le Monde, *Venés voir les Ieux, qu'aucun de vous n'a vû cy-devant, & ne vêra ci-aprés* : Néanmoins l'anbision des Princes an abrégea le tans, pour fére parade de leurs manifisanses, ponpes, & grandeurs; côme fit l'Anpereur Philipe premier du nom, qui les fit publier & pratiquer plus superbemant, qu'aucun autre qui l'ét précédé.

Les Ieux & Fêtes des Corybantes, Prêtres de Cybéle, qu'ils fezênt an l'honeur de céte Déése.

Les Ieux & Fêtes de Corytto, Déése de l'Inpudanse, & de l'Inpudicité, étênt célébrés à Athénes, par les Baptes, Prêtres & Sacrificateurs de céte Déése.

Les Ieux & Fêtes de la Déése Cunine, qui prézidét aux Berseaus.

Les Fêtes & Ieux Taléziens, pour l'hôneur & le bon-heur, des Mariages, & des Nôces.

Les Opalies, Ieux & Fêtes qu'on célébrét an mois de Désanbre, devant les Saturnâles, an l'hôneur de la Déése Ope, Seur de Saturne.

Les Ieux Samiens, étênt célébrés an l'hôneur du Dieu d'Amour.

Les Agonales, pour les chozes à fére; les Anacalyptéries, aprés les Nôces; les Apostrophies, an l'honeur de Vénus, Vranie ou Céleste; les Boédroniens, an l'hôneur d'Apollon; les Drialiens, célébrés à Rome par les Dames, an l'honeur de la bône Déése, autremant dite fâme Driade; les Callypigiens, an l'honeur de Vénus au bau col; les Carmantales, an l'honeur de Carmante, qui prézidét aux Nativités; les Canopétales, an l'honeur des Dieux

Domeſtiques ; les Ieux de la Concorde ; les Ieux d'Agrippa ; les Ieux Bubéciens ; ceux de Lucius Scipio ; ceux de Marcus Scaurus ; ceux de Claudius Pulcher ; les Ieux de la Bouvine : Et un trés-gran nonbre d'autres, dont on ferét pluzieurs Volumes, étênt dônés, établis, ou inſtitüés par des Cômunautés, ou par le Public, ou par des Particuliers, ſoit pour randre homage aux Dieux, & aux Déêſes, ou pour, antre les Mortels, honorer ceux qui avênt fét quelques grandes Acſions, & dignes d'une êternèle mémoire ; ſont des témoignages trés-ſûfizans, de l'eſtime qu'an fezênt les Anſiens ; & c'eſt ce qu'on a pratiqué dans les ſiécles ſuivans, & qu'on pratique ancore à prézant an diverses Provinses & Péïs; aux Mariages, aux Asanblées, aux Fêtes, où on done des loüanges, des prix, des réconpanses, & des priviléjes, à ceux qui ont bien fét an ces ocazions.

Nous aprenons, des Istoires générales, & des particulieres de tous les Peuples, & de toutes les Religions, que les plus grandes Fêtes, & les plus Sintes Cérémonies, ont été, de tous tans, aconpagnés de Ieux & de réjoüïsanses publiques, tant chés les Ansiens, comme à prézant chés les Modernes, & même autrefois chés les Peuples de la Loi de Dieu, aussi bien que chés les Payens. La Sinte Ecriture an fét mansion an divers lieus: David, dansêt, & sautét de joye, devant l'Arche du Ségneur, lors qu'il la fezét transporter an grande manifisanse, de la mézon d'Aminadab, an cêle d'Obed Edom, & de là dans la Vîle de Hiéruzalem, dont sa Fâme Michol, Fille du Roi Saül, se moka de lui. 2. Rois. c. 6. & 1° Paralip. c. 15.

Les Ieux, & les divertîsemans hônêtes, ne sont donc pas dêfandus, au contrére ils sont ordônés, parce qu'ils sont nécêséres ; & on sét que les persônes les plus austéres, & les plus sévéres, tant de l'un que de l'autre sexe, ne peuvent pas toûjours être dans les rétrétes, ni dans les êtrétes solitudes ; quand même les uns serênt des Ermites, ou des Anacorétes, & les autres des Vestâles, ou des Religieuses des plus retirées : C'est ce que les Supérieurs des plus grandes, des plus

Sintes, & des Cômunautés les mieux réglées, ordônent & ſavent mieus que les autres; ils cômandent les récréaſions, à certins tans, & à certénes heures, durant lê-quêles ils permétent qu'on ſe divertîſe agréablemant. C'eſt par ces rézons, & par pluzieurs autres qui an dépandent, que j'é eſtimé pouvoir écrire, & dôner les régles, & les préceptes d'un Ieu, tout ranpli de divertîſemans hônêtes, & qui eſt de conduite, d'eſprit, & de ſianſe; côme il ſera démontré ci-aprés, dans toute la ſuite de ce Trêté.

CHAPITRE X.

Autre diviZion des Ieux.

IL eſt dit ci-deuant, an la définiſion du Ieu, qu'il doit réjouïr l'Eſprit, ou exerſer agréablemant le Cors, ou fêre l'un & l'autre anſanble: Les Filozofes, ont remarqué de diverſes ſortes de Ieux, tous lê-quels peuvent être conſidérés, ou côme ſpirituëls, ou côme Corporels, puis que leurs pratiques, ou exerſices, dépandent ou du Cors, ou de l'Esprit ; autremant ils seront mixtes, & an ce cas, leurs pratiques dépandent & du Cors, & de l'Esprit ansanble : C'est pourquoi on n'an peut êtablir que de trois sortes, qui sont les Corporels, les Spiritüels, & les Mixtes.

Les Ieux Corporels, de quêle sorte ils soient ou puîsent être, ne dépandent pas têlemant du Cors, que l'Esprit, & le Iugemant ni êént quelque part, pour bien conduire le Cors. Tous les Ieux de grande forse sont conpris sous cétte espéce, côme êtênt les Olinpiques, & ancore à prézant la Luite &c.

Tous les Ieux Spiritüels, dépandent antiéremant de l'Esprit, le Cors n'y a aucune part, ils sont an trés-gran nonbre, ils dépandent de la Filozofie, & prinsipalemant des Sianses Matématiques : Les Ieux des Dames, des Echês &c. sont de ce nonbre.

Les Ieux Mixtes, qui dépandent du Cors, de l'Esprit, & du Iugemant, sont an nonbre indéfini, les Ieux de la Paume, du Mail, du Billard, des Quilles, &c. sont de ce nonbre.

Il y a des Ieux, qui sont puremant Spiritüels, & aûquels il n'est requis aucun mouvemant du Cors, il n'y a qu'à panser & qu'à parler; on les pratique par le moien des nonbres, ils sont admirables, & an nonbre indéfini aux Matématiques.

Ie n'estime pas qu'il sét pôsible, à qui que ce sét, de

métre an lumiére, ou de fére un recüeil, de tous les Ieux que les Ansiens ont pratiqué, ni de ceux qui sont à prézant an uzage, chés les diverses Nasions; mon dêsin n'est pas aûsi de l'antreprandre, je sê que quelques-uns ont travaillé sur ce sujet, je sê aûsi, conbien peu utilemant ils ont rêûsi, & qu'an rrêtant des Ieux particuliers, ils ont plûtôt dôné des preuves de leurs ignoranses, que de leurs capacités, & prinsipalemant touchant les Ieux qui dépandent des Sianses, & qui ne tiênent rien du hazard: Côme sont les Ieux des Echês, des Dames, & quelques autres; Il est vrai que quelques-uns ont écrit de celui des Echês, & on peut dire qu'ils y sont peu plus que médiocremant bien

réussi

réüssi: Mês quelques recherches que j'aye pû fére, il ne m'a pas été pôsible d'aprandre qu'on ait écri touchant le Ieu des Dames, ceux qui ont écri sur le sujet des Ieux, se sont contantés de dire, que le Ieu des Dames, & celui des Echês, érênt Ieux de siance, & qu'ils dépandênt des Matématiques, parce que les mouvemans de leurs piéces, dépandênt de ces siances.

Il est vrai, qu'ils sont Ieux de pures siances, & dans lêquels le hazar n'a aucun pouvoir, les Ioüeurs n'y peuvent acuzer ni le Destin, ni la capricieuse Fortune, le bien & le mal du Ieu, n'y dépandent pas des Dés qui ont malheureuzemant tourné, lêquels nous fézant voir, des poins sinistres

& malancontreux, nous font voir an méme-tans nôtre perte. C'est ce quin'avient que trop souvant, an tous les Ieux de hazars, de quelque espéce qu'ils soient, dans les diverses rancontres & événemans, dêquels on voit souvant le malheur, s'atacher fiximant sur quelques-uns, & la bône fortune, n'abandôner presque jamés les autres; mês ce qu'il y a de plus remarkable, se fêt voir dâs les Ieux Mixtes; c'est an ceux-ci, où on peut dire avec vérité, que les rancontres, le hazar, & la fortune, font voir d'étranges coups, & an méme-tans de trés-heureuzes avantures pour les uns, & trés-malheureuzes pour les autres, & s'il étét pôssible, que des choses insansibles & inanimées, côme sôt par exanple les Dez, qui doivent être formés sous des solidités parfétemant cubiques, ûsent an eux les puîsances de tonber toûjours, ou trés-souvant, sous des poins, ou conbinasions sinistres, ou de mauvés rancontres, ou sous d'autres qui serênt favorables & avantageux à ceux qui leur ont dôné le mouvemant; de têle sorte qu'ils fisent volontéremant, le malheur, ou la bône fortune de ceux qui les poûsent. Il faudrét de nécêsité, que le hazar, le destin, le caprice, ou la fortune, qui sont pluzieurs, ou une seule & méme intèlijanse, sous divers noms, & laquêle nous ne cônêsons pas, informât leurs cors, qui contiénent sur leurs termes, les poins, dêquels les conbinasions, ou rancontres, doivent avec leur repos, fére nôtre bon-heur, ou nôtre mal-heur, nôtre bone fortune, ou nôtre perte, & souvant nôtre ruine totale, ce qui n'est toutefois pas. C'est-là néanmoins qu'on voit les jugemans, & les rézônemans des savans Ioüeurs, forcés de céder aux rancontres & au hazar, & l'ignoranse l'anporter souvant, sur la bône conduite, & sur la rézon, & il sanble que céte suposée & imaginére intêlijanse, fase ses divertîsemans, des accidans qui font les mécontantemans, & les dézespoirs des uns, côme an méme-tans les joies, & les félicités des autres.

Tels accidans n'aviénent jamês, & ne peuvent avenir, dans les Ieux de pure siance, côme sont ceux des Dames &

des Echês &c. Ils consistent tous, & toûjours, an la bône couduite: & aux justes rézônemans des joüeurs, & ce depuis leurs cômancemans, jusqu'à leurs fins, côme il est remarqué ci-devant. C'est pourquoi ceux qui s'y exercent, ne pouvent acuzer, ni la matiére, ni la forme, des cors qu'ils mouvent, parce qu'ils les font agir & mouvoir, selon leurs volontés & désins: & les erreurs ou défaus, ne propédent que des caprices des joüeurs, & du peu d'habitude, qu'ils ont aux acsions, & aux execusions d'icêles; d'où il suit, que les jeux de siances, sont, ou doivent être les vrais exercices, pour les récréasions des plus hônêtes persônes, lêquêles, avec quelque peu d'étude & d'asiduité, s'aquéreront facilemant & an peu de tans, les plus bêles cônêsanses des Ieux de siances, donc &c.

CHAPITRE XI.

Du Ieu des Dames.

ON peut dire avec vérité, qu'il n'y a persône qui ne sache, ce que c'est que le Ieu des Dames, ce que c'est qu'un Damier, & ce que sont les Dames, dequêles on se sert, à joüer à ce Ieu, & que par consékant, il ne serêt point nécésêre, d'an dôner aucunes définisions, ni étimologies, &c. mês autant, pour en quelque fason satisfère les Critiques, que pour contanter les curieux, je donceré les unes, & les autres côme il suit.

Définisions, Descripsions, Explikasions, Préceptes, Enségnemans, Etimologies, ou tout ce qu'il vous plèra.

DAmier, est un plan karé parfèt, duquel la superficie, est divizée an soîsante-katre karés parfès, & égaux antr'eux.

Céte définition, est clère & facile à antandre, & il n'y a persone, qui selon icèle, ne puîse consevoir ce que c'est qu'un Damier, & qui ne le conése, par sa seule & premiére inspecsion, & même, qui n'an puisse aûsi-tôt trâser un, sur quelque plan ou superficie que ce soit, par la seule intêlijanse de céte définision.

Les Dames, dêquêles on se sert ordinêremant, pour joüer sur le Damier, sont cors Cylindriques rectanguléres, peu élevés, terminés par deux plans circulêres, & parâllêles antr'eux.

Explikasion.

TOutes Dames à joüer sur le Damier, sont ordinêremant cors cylindriques rectangulêres, ou perpandiculêremant élevés sur les plans de leurs bazes. Mês tous cors cilindriques rectangulêres, ne sont pas Dames, il faut qu'ils soient peu élevés, autremant on se les pourét imaginer indéfinîmant élevés, & de plus, il faut que leurs termes extrémes soient cercles, & par consékant paralleles antr'eux, car autremant le Cilindre serét inparfét: Mês c'est trop expliquer ce qui n'est que trop cler de soi.

Des Dames, les unes sont ordinêremant de bois d'ebéne, ou de quelque autre bois, ou matiére noire, ou brune, & les autres sont ordinêremant d'ivoire, ou de quelque autre matiére blanche, pour que par le moien de la blancheur des unes, & de la noirseur des autres, qui sont les premiéres, les plus sinples, & les plus diférantes couleurs, éles puisent plus facilemant, & plus prontemant être conuës & distinguées antre éles.

Aûſi des ſoîſante-katre ka-rés, qui ſont conpris, ou con-tenus, ſur toute la ſuperficie du Damier, les uns ſont blans, & les autres ſont noirs, ils ſont ordinéremant de même ma-tiére que les Dames. Il y an a trante-deux d'une couleur, & trante-deux de l'autre, ils ſont diſpozés contigumant antr'eux, & mêlés blanc & noir, c'eſt-à-dire un blanc, puis un noir, de têle ſorte, qu'un blanc, ſoit toûjours antre katre noirs, & un noir antre katre blans, eccep-té ceux qui ſont les extrémes, ou qui terminent le Damier, le tout de téle ſorte, que ceux qui ſont aux angles gauches du Damier, ſoient blans, & ceux qui ſont aux angles drês du méme Damier, ſoient noirs, afin que les deux karés, ou cases blanches, qui ſont contigus au karé noir, qui eſt à l'angle du Damier, du côté drét, ſoient aûſi à drét, ces deux karés, ou cazes blanches, ſont marqués ſur l'eſtanpe qui répré-zante le Damier, par les létres, nôtes, ou karactéres de chifre, 1. & 8. & ces deux cazes, ou karés, ſont anſanble nômés le coin double, lequel doit toûjours être à drét, côme il eſt dit. Céte ſorte d'ordre, ou de mélange, des karés blans & des noirs, eſt ordinéremant nômée, ou dite étre an Echiquier, qui eſt un terme, qui ſans aucun doute, vient des Echés, à cauze qu'on joüe aux Echés, ſur un karé parfét, qui contient ſoîſante-katre karés parfés, égaux antr'eux ſur toute la ſuperficie; Et an ce kas, ce plan insi divizé, est nômé Echiquier, à cauze, côme il est dit, qu'on joüe aux Echés sur icelui, & il est apêlé Damier, parce qu'on y joüe aux Dames. Toutefois avec cête diférance, que pour joüer aux Dames, il faut que les koins doubles, qui sont nôtés 1. & 8. sur l'estanpe, soient toûjours du kôté drét, mês pour joüer aux Echés, il faut qu'ils soient tournés du kôté gauche, car il faut toûjours, que pour le Ieu des Echés, la kaze, ou le karé, qui forme l'Angle, ou le koin qui est au kôté drét de l'Echiquier, soit blanc, & que cête même kaze, ou karé, soit noir, pour le Damier, ou pour le Ieu des Dames.

Ce changemant est fét sur tous les Damiers, côme on peut voir

voir par l'Estanpe, qui réprézante le Damier, & l'Echiquier, il ne faut que tourner les kôtés, qui sont notés, Septantrion & Midi, vis-à-vis des joüeurs, pour joüer aux Dames, mês pour joüer aux Echês, il faut que les kôtés, notés Oriant & Occidant, soient devant, ou vis-à-vis des Ioüeurs, &c.

De ce qui est dit, il suit, que les Dames, doivent être pozées, ou placées sur les kazes, ou karés blans, côme on les voit, sur la douziéme estanpe, car si on les pozét sur les kazes, ou karés noirs, tout l'ordre déclaré ci-devant, serét changé, dautant que les koins doubles, qui sont aux kôtés drês du Damier, serênt à les kôtés gauches, &c.

Mês si on voulét placer les

Dames, ſur les karés, ou kazes noires, & qu'on y voulut joüer, ſans changer l'ordre déclaré ci-devant, il n'y aurét qu'à tourner le Damier, côme on ferét, pour joüer aux Échês, & alors les koins doubles ſerênt noirs, & ils ſerênt aûſi aux kôtés drés des joüeurs, & les doubles koins blans, ſerênt à leurs côtés gauches.

Il inporte peu qu'on place les Dames, ſur les cazes blanches, ou ſur les noires, ou que les coins doubles, blans, ou noirs, ſoient aux côtés drês, ou aux côtés gauches des joüeurs, car on peut aûſi bien joüer, d'une fâſon que de l'autre, mês l'ordre ci-devant eſt cômunémant obſervé, côme aûſi de placer les Dames, ſur les carés ou cazes blanches, afin de cacher ou couvrir, le blan du Damier, tant qu'il sera pôsible, à cauze que la blancheur éblouït, & ôfanse la vûe, & ce d'autant plus qu'éle est plus blanche, plus éclatante, & plus éclerée, ou expozée à un plus gran jour ou lumiére, &c.

Il faut noter, qu'il y a diverses sortes de Damiers tant an grandeur qu'an couleur, ceux qui sont de moïéne grandeur, sont estimés les plus cômodes, car aux plus grans, la vizion ne se peut fére que succêsivemant, & non pas tout d'un coup, ou d'un seul aspec, sur toutes les parties du plan du Damier, & par consécant, on ne peut pas avoir, une parfére & aconplie prézanse, tant de son jeu, que de celui de l'aversêre, laquêle est neanmoins trés-nécêsére, car sans icéle, il est inpósible de pouvoir bién & prontemant joüer. D'où il suit, que la vizion se fét plus prontemant sur les petis Damiers, parce qu'on a tout prézant dovant soi, tant son jeu, que celui de l'aversére; mês aûsi il faut avoüer, que les objets étans fort serrés, ou proches les uns des autres, anjandrent, ou peuvent anjandrer de la confuzion aux vizions des joüeurs, côme il avient ordinéremant, à ceux qui joüent lon-tans, & qui ne sont pas acoûtumés à joüer sur les petis Damiers, c'est pourquoi ceux qui sont de moïéne grandeur, sont préférables à tous les autres.

Quant à ce qui est de sa matiére, & de la couleur, tant des Damiers, que des Dames, cela est trés-indiférant, pour vû qu'on puîse facilemant, & prontemant, bièn dicerner le tout.

Il y a des Damiers, qui sont mélés de Cazes noires & de bleües, il y an à de blancs & vers, quelques-uns sont rouges & blancs, il y an à qui sont fês d'écailles de Tortuës & de nacres de perles ; les Dames sont de mêmes matiéres & couleurs que les Damiers.

Il y à des Damiers qui sont fês de piéces de raport, figurés à la Mozaïque, de diverses couleurs, ils sont trés-baus ; mês ceux qui sont sinplemant blans & noirs, & dêquels les Dames, sont aûsi blanches & noires, sont les plus comodes, pour bien voir, cônêtre, dicérner, & distinguer les Cazes, les Dames, les coups, &

tout ce qui dépand du Ieu, & par consécant ils sont préférables à tous les autres.

Les Damiers qui sont extr'ordinéremant baus, sont plus propres à orner, & à anrichir, les Cabinês des persônes de kalité, qu'à joüer ordinéremant dêsus, côme étét celui qu'on vit, il y a quelques Anées à Paris, au Fau-bourg S. Germin, chés le Sieur Baltazar Kikéler, Aleman; il étét de moiéne grandeur, tout fét, ou au moins tout couver, d'Anbre blanc, & d'Anbre jaune, de trés-vives couleurs, côme érênt aûsi les Dames, & les Echês, trés-bien figurés, & trés bien proporsiônés antre eux, & au Damier : On avét plézir à voir ce beau Damier, & Echés; son prix de trante mil livres, fut cauze qu'il ne fut point vandu à Paris, il fut porté an Italie. &c.

Il serét trés-dificile, pour ne pas dire inpôssible, de dire précizémant, d'où sont venus les noms, de Damier, & de Dames, & d'an trouver les vrées Etymologies; si ce n'est qu'on voulu dire, côme il y à grande aparance, que l'un & l'autre, viénent des Fâmes, & des Filles, qui sont les vrées & réeles Dames, lêquéles ont, ou peuvent avoir invanté ce Ieu, ou au moins, par ce que de tous tans, êles l'ont émé, & êles ont pris gran plézir à y jouer, & à s'y divertir. Car de dire, que les noms de Damier, & de Dames, eent été dônés à ce Ieu, par la corespondance du bruit, que font presque toûjours, & côme nécesséremant les Dames qui sont de bois, ou d'ivoire, ou fétes de quelque autre matiére, dure & séche au brüit que font ordinéremant, & côme naturêlemant les Fâmes ; & les Filles, par leurs caquês, à rézon de la matiére, de laquêle Eve, la premiére Fâme du Monde, fut formée, qui fut (côme tout bon & vrai Crétien doit bien savoir, & trés-fermêmant crére) d'une des côte du bon hôme Adam, le premier des Mortels, ce serét tirer l'origine de bien loin, à quoi on peut ajoûter, pour la preuve de céte pansée, que si pluzieurs Dames, tant d'ivoire, que d'ébéne, êtênt libremant mizes dans un sac de forte & clére toile, & pluzieurs côtes d'hômes, bien séches dans un autre de pareille étofe, & que l'un & l'autre de ces sacs, fûsent fortemant mûs, ou agités, il est certin que les bruis que ferênt les uns & les autres de ces cors insi ansachés, serênt três-gras, &presque égaux antr'eux: & qu'à rézon de ces armoniques mouvemans, les Damiers & les Dames, avec lêquêles on joüe, ûsent été insi hômés, cela serét naïf, & néanmoins ce Ieu n'an serét ni moins exélant, ni moins estimable, tant an son invansion, qu'an son nom, au contrére il le devrét être baucoup plus, que s'il avét été invanté par des hômes les plus habiles, ou par les plus grans Filozofes, côme a été le Ieu des Echês, que pluzieurs dizent avoir été invanté par le Filozofe Xerces, sous le régne d'Evilmérodache, deuziéme Roi de Babilone, & ce à dessin de côriger la vie voluptüeuze & déréglée de ce cruel Roi, qui avét fét mourir pluzieurs persônes des plus considérables de son Roiaume, parce qu'êles l'avênt averti, ou doucemant repris de sa mauvéze vie: Ce Filozofe réüssit an cela selon son dé-sir, car ce Roi éant vû pluzieurs Ségneurs de sa Cour, joüer aux Echés, il trouva ce jeu si bau, & l'invansion si admirable, qu'il voulut que Xerces, qui l'avét invanté, l'instrüizit antiéremant d'icelui, & de tout ce qui an dépandét: Alors Xerces trouvant céte ocazion favorable à son dessin, aprés avoir fét voir toutes les piéces de ce jeu à ce Roi, & aprés lui an avoir dit les noms, & ansegné les mouvemans & les puisanses de chacunes d'icèles, il étandit adrétemant son discours sur les grandes vertus que devênt avoir les Rois, à rézon de leurs grandes puîsanses, & il lui fit cônêtre par de sansibles rézons, & selon toute vérité, que ceux qui cômandent, doivent être plus vertueux & plus sages que ceux qui obéîsent, & à plus forte rézon les Rois, &c. Il expliça le tout de têle sorte, qu'Evilmérodache, qui étét hôme d'esprit & de jugemant, éant bien antandu les discours & les rézons de Xerces, il recônut facilemant quêle avét été son intansion, & son principal désin, an l'invansion de ce jeu: il an estima l'adrêse, il an admisa la subtilité, & il témoigna bien par le changemant de sa vie, qu'il avét été trés-sansiblemant touché par les discours & par les rézônemãs de ce Filozofe.

Quelques-autres dizent, que le jeu des Echés fut invanté, par les Princes Lyde, & Tyrréne, Fis d'Atys Roi de Lydie, & que ces Princes êant anségné ce jeu à leurs Sujets, qui étênt alors afligez par vne cruéle famine, ils y trouvérent tant de divertisemans, qu'ils y joüênt presque toûjours, & insi ils pâsent insansiblemant le tans, & ils étênt moins travaillez de la fin.

Mais il est plus vrai sanblable, selon les opinions de pluzieurs Istoriens, que le jeu des Echês ait été invanté au Siége de Troie, par le sage & vaillant

lant Palaméde, Prince autant rare & aconpli de cors & d'esprit, qu'il étét bien aconpagné de vertus & d'hôneur, il étét Fis de Napulius Roi d'Eubée, & souverin de pluzieurs autres Péïs; ce brave Prince fit parêtre tant d'intêlljanse & de jugemant, & il fit un si gran nonbre de généreuses Acsions, & de si bêles chozes an ce fameux Siége, qu'il s'en atira an même-tans, l'admirasion & l'anvie de la plûpart des Princes Grecs, & principalemant d'Vlisse, par les insignes fourberies & trahizons duquel, il fut aûsi malheureuzemant qu'injustemant condané par le Conseil général des Grecs, à être lapidé, ce qui fut aûsitôt exécuté, an prézanse de toute l'Armée pour le sujet dcrit au Chapitre qui suit.

CHAPITRE XII.

Bréve Istoire du Prince Palaméde, où il est fét mantion d'Iphigenie, d'Oreste, de Pilade, de Clytemnestre, &c.

LE Siége de Troie êant êté rézolu, par tous les Princes Grecs, auquel d'un cômun consantemant ils s'êtênt volontéremant obligés, ce qu'ils avênt confirmé antre eux, par divers ſermans pluzieurs fois réïterés, & ce à dêſin de vanger l'afront, & le tort fét au Prince Menélaus, Frére du grand Agamemnon, Roi de Sparte, par Alexandre Paris, Fîs du Roi Priam, qui lui avét anlevé ſa Fâme la bêle Helêne, & deux trés-bêles Demoizêles Gréques ſes plus proches Parantes, avec baucoup de richêſes, aprés l'avoir honorablemant reſſu chés lui.

Tous les Rois & Princes de la Gréce, priêrent Agamemnon, d'anvoyer de la part de tous les Grecs des Anbâſadeurs chés tous les Rois & Princes qui êtênt Parens, Amis, ou Aliés des Grecs, pour les prier de les ſecourir, & de les âſiſter de leurs puîſanſes, & de leurs prézanses, dans une afére d'une si haute antreprize, & qui étét de la derniére consécanse pour l'hôneur de leur Nasion. Agamemnon côme fort intérêsé dans cête afére, accepta de bon cœur céte Cômîsion, & aûsi-tôt, il envoya des Anbâsadeurs, à tous les Rois, Princes, &c. Parans, amis, ou aliés des Grecs, & mêmes aux conjurés, pour les prier de les asister, & de ne les pas abandonner, an vne afére de si grande consékance.

Vlisse Roi d'Itaque & de Duliche, voulut s'exanter d'âler à ce Siége, soit qu'il an prévit les dangers, les périls, & toutes les dificultés; ou que l'amour extrême qu'il avét alors, pour sa Fâme Penelope, qu'il avét êpouzée depuis peu de tans, ne lui permit pas de la quiter; & ſachant bien que les Anbâſadeurs des Grecs, devênt bien-tôt âriver chés lui, pour le prier, de la part de tous les autres Rois, & Princes Grecs, conjointemant conjurés avec lui, de ne les pas abandôner an cête antreprize, & de les aconpagner an céte expédiſion; il s'aviſa de contrefêre l'inſanſé, & pour cét êfet, il atela à une charuë, des Animaux de diférantes eſpéces, & avec icêle il labourét les ſablons de la Mer, ſur lêquels il ſemét du Sel, au lieu de blês, ou d'autres bons grins. Mês le Prince Palaméde, qui êtét l'un des Anbâſadeurs, ſe défia de céte ruze, & pour la découvrir, il mit Thélémaque, fis d'Vlisse, petit Anfant ancore au Bersau, dans une orniére, par laquêle une des roués de la Charuë devét pâser; alors Vlisse, êant apersû son fis, dans céte orniére, il an détourna adrétemant la Charuë, de crinte de le tuër; & insi sa fourbe, & sa finte folie, êtant découverte, il fut obligé, & pour son hôneur, & par son sermant, d'aconpagner les autres Rois, & Princes Grecs, au Siége de Troie. Surquoi il est à remarquer, qu'Vlisse qui avét été le premier, & côme la prinsipale cauze de cête grande conjurasion, & du sermant que les Grecs firent conjointemant avec lui, pour vanger l'injure & l'afront fêt à Ménélaus, & an sa persone, à tous les Grecs; néanmoins, il fut le seul qui le voulut faûser, & pour cét éfet il contrefezét l'insansé.

Ce qui lui est reproché par Ajax, an prézanse de tous les Grecs, selon le raport qu'an fêt Ciceron, au 3. L. des Ofices; qui, aprés quelques rézonemans sur le sujet des chozes honorables qu'on doit fêre, quo qu'êles soient peu utiles, & même périlleuzes, il dit, *Quid enim auditurum putas fuisse Vlixe, si in illa simulatione perseverasset? qui cum maximas res gesserit in bello, tamen hæc audiuit ab Ajace.*

Que panseriés-vous qu'on ût dit d'Vlisse, s'il ut continué à demeurer dans céte finte, ou dîsimulasion? car ancore qu'il ait fêt de bêles acsions, & de grandes chozes à la Guerre, néanmoins an sa prézanse,

Ajax parla de lui, aux Princes Grecs, côme il ſuit.

Cujus ipſe Princeps Iuriſ-jurandi fuit,
Quod tamen ſcitis ſolus neglexit fidem.
Furere aſſimulauit, ne Coiret, inſtitit,
Quod ni Palamedis perſpicax prudentia,
Iſtius percepſet maliciosam audaciam,
Fide ſacratae Ius perpetuo falleret. &c.

Ce qui peut être antandu côme il ſuit.

Vliſſe fut le premier, qui nous oblija au ſermant que nous fimes tous, côme vous ſâvés trés-bien, & lui ſeul l'a voulu faûſer, an contre-fezant l'inſanſé; & il eſt certin que ſi le Prince Palaméde, par ſa grande prudanse, n'ût adrétemant découvert cête folie, malicieuzemant hardie; qu'Vlisse aurét êternêlemant faûsé son sermant, & violé la Foi sacrée qu'il nous avét jurée trés-solênêlemant.

Depuis ce tans-là, Vlisse conserva toûjours dans son Cœur, une hêne mortêle contre Palaméde, laquêle fut de baucoup augmantée par ce qui suit.

Quelque-tans aprés, que le Siége fut pozé devant Troie, Vlisse fut anvoié an Trace, avec vint gros Vêseaus, pour amâser, & fére provizion de blês, de vivres, & de diverses autres chozes, nécêséres à une grande Armée, & à un gran Siége; il fut âsés lon-tans an son voiage, & chacun créét qu'il aporterêt abondâmant de toutes les chozes dont le Canp êtét an trés-grande nécêsité; mês il revint sans rien aporter, dont il fut publiquemant blamé, par tous les Princes, & par les Généraus de l'Armée, & même par Palaméde, qui l'an queréla hautemant; surquoi Vlisse, pour tâcher de s'excuzer, dit, qu'il n'avét rien trouvé, & que par consékant il n'y avét point de sa faute, & que tout autre qui y aurét été, ni même Palaméde, qui parlêt tant, & qui fezêt tant de bruit, n'y aurét pas plus fêt que lui; dont Palaméde se santant ôfansé, & cônêsant la trés-prêsante nécêsité, an laquèle l'Armée êtét de toutes chozes; il accepta la Comîsion d'âler an Trace, il y fut, avec pluzieurs grans Vêſeaux, & an peu de tans il revint, avec tous ces Vêſeaus, chargés d'une trés-grande abondanſe de blês, de vivres, & de toutes les autres ſortes de muniſions nèçêſéres, & dont le Canp avét un trés-gran bezoin, côme il eſt dit; ce qui fit, que Palemède an reſût bien de l'hôneur, & de grandes loüanges, & Vliſſe baucoup de honte & de bláme. Ce fut ce qui augmanta juſqu'à l'eccés, la hêne mortêle qu'il portét à Palamède, & dê-lors il ſe rezolut de le fêre périr, à quelque prix que ce fut, & quoi qu'il an pût avenir, ce qu'il tanta pluzieurs fois, & par divers moiens, & qu'anfin il executa, par la plus horrible mêchanſeté, & par la plus détestable trahizon, dont tout esprit malin aurét pû s'âvizer; laquêle il sit rêûsir, côme il suit.

Vlisse & Dioméde, êans pris un Prizonier Troien, lui firent sous des promêses de grandes reconpanses, écrire une Létre an langaje Syrien, de la part du Roi Priam, adrêsée au Prince Palaméde, par laquêle il lui mandét, qu'il ût à lui livrer toute l'Armée des Grecs, pour la tailler an piéces, côme il lui avét promis, & à quoi il s'êtét obligé par l'acord fêt antre eux; & que de sa part, il avét satisfét à toutes les condisions du Trêté, & qu'il lui avét fêt toucher, toutes les sômes d'or & d'arjant, dont ils étênt convenus: Céte Létre insi écrite, & le Prizonier êant été bien ins-

instruit, côme il est dit, il fut mené par Vlisse, & par Dioméde, au Roy Agamemnon, Généralîsime de l'Armée des Grecs, auquel il dôna céte Létre, & il l'asûre qu'il la portét au Prince Palaméde, de la part de son Mêtre le Roi Priam : Sur céte afêre qui êtêt de la derniére consékanse, Agamemnon dona ordre que le Conseil général des Grecs fut âsanblé, devant qui, & an prézanse de Palaméde, céte Létre fut hautemant lüe, du contenu de laquêle Palaméde fut étrangemant surpris, & il déclara qu'il étét înosant, & qu'il n'avét jamês parlé, ni an fason quelconque oüy parler, de ce qui étét contenu dans cêtte Létre, & qu'il n'étét pas capable de

X

traizon, ni d'aucune lâcheté. Cepandant Vlisse, êant secrétemant fêt poignarder, & anterrer, le Prizonier Troien; dit au Conseil, que pour se bien êclersir de la vérité, & de tout çe qui êtét contenu dans cête Létre, qu'il fâlét cherchêr, & foüiller, dans les Tantes de Palaméde, pour voir si on y trouverét toutes les sômes d'or & d'arjant, mansiônées par icêle: Cét avis fut trouvé bon par tous ceux du Conseil, & même par Palaméde, qui êtét âsuré par son înosanse, qu'il n'y avét rien de tout cela dans ses Tantes: On y fut aûsi-tôt, on y foüilla de toutes pars, & on y trouva tout l'or & l'arjant, an toutes les mêmes espéces, êcrites dans la Létre. Parce, qu'Vlisse, qui avét côronpu, & gagné par promêſes & par arjant, un des Domeſtiques de Palaméde, les y avét fêt métre & anterrer; & inſi Palaméde, étant convincu, fut côme un infâme & déteſtable trêtre, condâné d'une comune voix, par tout le Conſeil des Grecs, à être lapidé, & cela fut aûſitôt exécuté, an prézanſe de toute l'Armée, côme il eſt dit ci-devant.

La faûſeté de céte acuzaſion, fut antiêremant découverte, peu de tans aprés, tant par Dioméde, qui an déclara toute la vérité, côme aûſi le meurtre du Priſonier Troien poignardé par Vliſſe, que par le Roi Priam, qui anvoia des Anbâſadeurs exprés à Agamemnon, & au Conſeil-général des Grecs, pour leur déclarer l'inosanse de Palaméde : Mês ce fut trop tard : Car Palaméde êtêt mort, dont tous les Rois, & Princes Grecs, furent trés-sansiblemant touchés, côme furent aûsi tous ceux de l'Armée, qui avênt toûjours admiré la valour, la prudanse, & la vertu de ce Prince ; & tous les Grecs lui êtênt infinimant obligés, tant à cauze des grans exploits de Guerre qu'il avét fêt contre les Troiens, que pour toutes les autres chozes qu'il avét exécutees à l'avantage des Grecs, & à l'hôneur de sa Nasion. Ce brave Prince avét ajouté pluzieurs létres à l'Alphabet des Grecs ; il leur avét dôné l'invansion des pois, & des mezures ; il leur avét ansêgné les métodes de former les Batailllons, les Escadrons, & tous les ordres des Batailles, les marches des Armées, leurs défilés, les Conbâs particuliers, les Ralimans, les métodes de pozer les Santinêles, les rondes, les patroüilles, &c. Ce fut au Siége de Troie qu'il invanta le mot du Guet, les diverses métodes de le dôner, & de le recevoir; côme aûsi, le contre-mot, le mot de Canpagne, celui de Vile, & tout ce qu'il y a de bon, d'utile, & de nécêsére, à la Guerre, & qu'on pratique ancore à prézant, dans les Armées, & dans les Vîles. Il régla les Ans, selon le cours du Soleil; & les Mois, sur le mouvemant de la Lune, il invanta le Niveau, l'Equerre, & pluzieurs autres Instrumans de

Matématique. Ce fut an ce même Siége, qu'il anségna aux Grecs toutes ces bêles chozes; ce fut là aûsi qu'il invanta le Damier, & le Ieu des Dames, & qu'il leur an montra la pratique, par le moien de laquêle ils pâsênt agréablemant le tans, & êtênt dêtournés des exersices vicieux & des-hônêtes, auquels, souvant, les Persônes oizives s'abandônent.

Ce fut par ses Conseils, & par ses avis, que toutes les Anbâsades, & préparasions furent fêtes, pour le Siége de Troie. Il fut têlemant estimé des Grecs, qu'Agamemnon, êant tüé un Cerf, au Bois consacré à Diane, an Aulide, & êant refuzé de sacrifier sa fille Iphigenie, à céte Déêse pour an apézer la colére; ce qui se devét fêre, selon la réponse de l'Oracle, par le sang de celui qui l'avét ôfansée; ils le destitüérent de toutes ses Dignités, & ils les dônérent à Palaméde, qu'ils êlûrent pour leur Roi & pour leur Général, & qui le fut toûjours jusqu'à ce qu'Agamemnon, ut apézé la Colére de la Déêse, par le Sacrifice qu'il se rezolut anfin de fêre de sa Fille Iphigenie, laquêle pour cét êfet il prézanta à l'Autel de cête Déêse, & la mit sur le Bucher, pour y être consômée; mês Diane an êant pitié, êle anleva dans une nuë, céte bêle & înosante Fille, & mit une Biche an sa place; êle la transporta an la Région Taurique, où êle fut établie par le Roi Thoas, Prétrêse au Tanple de

Diane. Ce fut là, où Iphigenie ſauva la vie à ſon Frére Oreſte, qui, cherchant ſa Seur de toutes pars, la rancontra an ce lieu là, où il étét âlé exprés, pour ſe purger du parricide qu'il avét cômis, par le meurtre qu'il avét fét de ſa mére Clitemneſtre, & de ſon adultére Ægiſte; Iphigenie & Oreſte, tüérent le Roi Thoas, puis êant anlevé l'Image de Diane, ils ſe ſauvérent an Italie, où ils tranſportérent céte Image, an la Forêt Aricie, & ils édifiérent an ce lieu là, un trés-manifique Tanple, à l'hôneur de Diane, & ils y placérent l'Image qu'ils avênt anlevée: C'eſt pourquoi il a toûjours été nômé le Tanple de Diane Taurique, à cauze qu'ils aportérent céte Image de la Taurique.

Pluzieurs autres Auteurs, racontent autremant céte Istoire d'Oreste, ils dizent qu'aprés que les Aréopagites, que chacun sait avoir été des Iuges trés-sevéres & incoruptibles, ûrent absous Oreste, du parricide de sa mére Clitemnestre, qu'il comit à cauze de la réponse qu'il ût de l'Oracle d'Apollon, qui lui dit, *Va an ton Péis, tüe ta Mére, tuë Ægiste, & garde toy bien de le lêser vivant, aprés la mort de ta Mére; & n'aprébande point an ceci de fére choze injuste, ou réprochable; car si tu fés autremant, tu ne pôséderas jamés ni les Etas, ni les biens, dont tu és légitime béritier & succêseur.* Insi Oreste armé de céte puîsante autorité, & de ce Divin cômandemant, exècuta ce que l'Oracle lui avét ordôné. Les Aréopagites avoüérent aûsi, que pluzieurs Dieux avênt âsisté au Iugemant qu'ils randirent sur ce sujet, & qu'Apollon, & Minerve, y avênt prézidé, & qu'ils an avênt prononcé l'Arét : Mês nonobstant ce Iugemant, toutes les Furies qui avênt incêsâmant tourmanté Oreste, depuis qu'il ût tüé sa Mére Clytemnestre, & son adultére Ægiste, ne l'avênt pas lêsé an repos, parce qu'êles n'ûrent pas toutes cét Arêt pour agréable ; têlemant que cêles qui ne l'avênt pas agréé, continüênt à le tourmanter ; de sorte qu'il fut obligé de retourner ancore une fois à l'Oracle d'Apollon, qui lui ordôna d'âler an la Taurique, ravir & anporter la

Statüe de Diane; & que là il serét an danger d'être inmolé, més qu'âsûrémant il éviterét ce péril, & qu'an s'anfuïant avec céte Statüe, il serét antiéremant délivré du reste de sa forcenerie, & des Furies qui continüênt de le tourmanter: Surquoi Oreste, toûjours aconpagné de son Couzin, & parfét amy Pylade, se mit an mer, & il ariva an peu de tans, aux Rivages de la Taurique; il lêsa son Vêsau & tout son Equipage, antre quelques Iles, à couvert de la vüe des Hômes, & an sûreté contre les tanpêtes & les orages de la Mer: Il cômanda à ses Jans, d'observer exactemant l'ordre qu'il leur dôna, jusqu'à son retour, sans toutefois leur an limiter exactemant le tans; puis étant aconpagné seulemant de Pylade, ils antrérent dans le Péis, où presqu'aûsi-tôt ils furent ârêtés par les Satellites, ou Gardes de Thoas, Roi du Péis, auquel ils furent prézantés: Ce Roi fezét inmoler sur l'Autel de Diane, tous les Etrangers qui antrênt dans son Péis, sans sa permîsion; C'est pourquoi il les anvoia aûsi-tôt à Iphigenie, pour être sacrifiés.

Quelques Auteurs ont estimé que ce Thoas, étét le Pére d'Hypsiphile, Réne de Lemnos, & Fâme de Iazon, de laquêle il est parlé ci-devant. Més céte pansée à peu d'aparanse de vérité; car selon Euzébe, Clemant Alexandrin, & pluzieurs autres trés-graves Auteurs, prés de sant ans s'é-

cou-

coulérent antre le Voiage des Argonautes & la prize de Troie; & lorſque Iazon, aborda l'Ile de Lemnos, Thoas pére d'Hypſiphile êtét déja fort âgé; puiſqu'an ce même tans, Hypſiphile épouza Iazon, & êle an ût des Anfans; & de plus, Oreſte n'ariva an la Taurique, que plus de ſét ans aprés la prize de Troye, & inſi Thoas pére d'Hypſiphile, ne régnét pas an la Taurique, lors qu'Oreſte y ariva, autremant il aurét alors êté âgé de ſant cinkante ans, ou anviron. C'eſt pourquoi &c.

Iphigenie, êant reſû Oreſte, & Pylade, de la part du Roi, pour les inmoler, côme il eſt dit, & conêſant par leur langaje qu'ils êtênt Grecs, êle s'informa particuliéremant de leurs noms, & de leurs nêsanses; Oreste ne voulut point lui dire son nom, il lui dit seulemant qu'il êtét natif de la Vîle d'Argos; êle lui dit qu'éle an avét grande joie, parce qu'êle étét de la même Vîle; & êle lui promit qu'êle retiendrét son Conpagnon, pour être Sacrifié, & que pour lui, êle lui sauverét sa vie, & qu'êle le ranvoirét an son Péis, s'il lui voulét prométre, & s'obliger à êle par sermant, de porter une Létre de sa part, à quelques-uns de ses Parans: Oreste lui dit, qu'il n'an ferét rien, & qu'il ne voulét point sauver sa vie aux dépans de cêle de son Ami, qui ne s'étét angajé au Voiage qu'ils avênt fét ansanble, qu'à son sujét, & pour l'amour de lui; & qu'il la priét qu'êle le ſacrifia, & qu'êle ſauva la vie à ſon Ami, qui portetét fidélemant ſa Létre, ſuivant ſon dézir : Més au contrére Pylade, voulét mourir pour le ſalut d'Oreſte. La diſpute fut grande antre ces deux parfês Amis, & les rézons furent trés-fortes de part & d'autre; dont Iphigenie ne fut pas peu ſurprize ; êle trouva les rézons d'Oreſte, plus fortes, que cêles de Pylade ; & inſi êle dôna l'Arêt an ſa faveur, an ordônant qu'il ſerét ſacrifié, & que Pylade ſerét le porteur de ſa Létre ; & êle le fit jurer qu'il la donerét à celui à qui êle l'adrêſét ; & de crinte que par quelque accidant il la perdit, êle lui déclara tout le contenu d'icéle, pour qu'an ce cas il fit ſon mêſage de bouche, qui étét de dire à Oreste fis d'Agamemnon, que sa Seur Iphigenie, que les Grecs créênt avoir inmolée an Aulide, par la faveur de Diane, étét ancore vivante, dautant que céte Déêse, êant eü pitié d'êle, & êant mis une Biche sur le Bucher, an sa place, l'avét transportée an la Région Taurique, où êle l'avét fét sa Prétrêse; & qu'êle le supliét de trouver quelque moien de la tirer de ce Péis, ranpli de Ians barbares & cruëls, où êle étét contrinte de tranper souvant ses mins dans le sang de pluzieurs Etrangers, qu'êle y sacrifiét presque tous les jours; & de la fére conduire an Argos. Ce discours insi fét & fini, an la prézanse d'Oreste; Pylade, qui avét fét sermant à Iphigenie, de dôner sa Létre à Oreste, ou de lui fére son Mêsage de bouche, prit céte Létre des mins d'Iphigenie, & la mit aûsi-tôt & an sa prézanse, antre les mins d'Oreste, & il dit à Iphigenie, qu'il s'étét fidélemant aquité de son sermant, & de la promêse qu'il lui avét féte, parce que celui à qui il l'avét dônée, & qui étét là prézant, étét Oreste son propre Frére; lequel aûsi-tôt, transporté d'une joie ecsêsive, anbrâsa sa Seur, avec baucoup de surprize, de tandrêse, de joie, & d'admirasion, & il lui dôna toutes les preuves & toutes les marques infaillibles, qu'il étét Oreste son Frére, fis d'Agamemnon; il lui déclara toutes ses avantures, & il lui dit le sujet pour lequel il étét venu an ce Pëis là; & il la suplia de l'âsister an son antreprize, & de lui dôner le moien d'anporter la Statuë de Diane. Iphigenie, fort êtonée d'un tel accidant, & de tout ce discours, lui reprézanta toutes les dîficultés qui se pouvênt rancontrer an une acsion si hardie; mês anfin êle lui promit qu'êle l'exécuterét par le moien qui suit.

Ele fut trouver le Roi, & lui dit, Que les Etrangers qu'il lui avét anvoiés, ne pouvênt être sacrifiés qu'aprés qu'ils aurênt été expiés d'un meurtre qu'ils avênt cômis, & qu'ils lui avênt déclarés: Et que la Statuë de Diane, ëant été polluë par leurs âtouchemans, il étét nécêsére de la purifier dans les eaux de la Mer, &

d'expier an même tans lesdits Etrangers, qu'il falét inmoler. Mês que ni le Roi, ni aucun autre, ecepté êle seule qui étét la Prétrêse de Diane, ne devét asister, ni être prézant, à ces purificasions, & expiasions ; & ce pour pluzieurs rézons, fondées sur la Religion, lêquêles êle fit bien antandre au Roi, qui lui dit, qu'il voulét qu'êle fit, & qu'êle observa toutes les cérémonies qu'êle savét être nécêséres & convenables à fêre sur ce sujét. Ele prit la Statuë de Diane, & êant fét étrétemant lier Oreste & Pylade, pour s'an bien âsûrer ; êle marcha an cét équipage, avec une bône troupe de Gardes, vers la Mer, du côté où êle savét qu'étét le Vêsau d'Oreste ; puis étant âsés prés du lieu ou il étét, êle cômanda aux Gardes de s'arêter: Ele prit les Prizoniers par leurs liens, & êle les fit marcher devant êle vers le Rivage de la Mer, du côté où étét le Vêsau; Où Oreste êant dôné le signal à ses Ians, ils menérent an dilijanse la Chaloupe, an laquêle Oreste, Pylade, & Iphigenie qui portét la Statuë de Diane, antrérent prontemant, & furent aûsi-tôt menés au Navire où ils s'anbarquérent; & êans levé les ancres & dôné les voiles aux vans, ils se mirent an pléne Mer, & ils se retirérent an leur Péis, aprés pluzieurs accidans qui leur arivérent an ce Voiage.

Nauplius Roi d'Eubée, fut toûjours dans le dêsin de se vanger des Grecs, depuis la mort du Prince Palaméde son fis, il an avét cherché les ocazions, avec gran soin, an divers lieux, & par divers moiens; & sans y panser il la trouva favorable à son dezir, côme il suit.

Les Grecs qui avênt ranpli leurs Vêsaux des dépoüilles, & de toutes les richêses des Troiens, s'an retournênt an leur Péïs, riches, Victorieux, & trionfans, ils avênt trés-favorablemant navigué, jusqu'an la Mer Egée, où ils furent ataqués sur la fin du Iour, par une trés-furieuze tanpête, qui des son comansemant fit périr, aux Côtes de l'Ile d'Euboe, tous, ou la meilleure partie des petis véseaux de céte trés-grãde & trés-victorieuze Armée. Nauplius, éant aûssi tôt apris que toute l'Armée des Grecs étét ſur céte Côte, trés-anbaraſée dans céte éfroïable tanpête, fit prontemant alumer pluzieurs grans feux, ſur le Promontoire Capharée, & ſur le Mont Ocha, l'un & l'autre dêquels ſont anvironés d'un trés-gran nonbre de petis, més trés-périlleux Rochers, antre lêquels il eſpérét, par le moien de ces feux, atirer les Vêſaux des Grecs, an leur dônant par ce moien, faûſemant à antandre, que là étênt les Havres, les Pors, & les lieux, où ils devênt ſe retirer pour s'échaper des périls, & du naufrage, qui autremant leur étét inévitable : C'eſt pourquoi tous ces pauvres afligés s'éforſént de toutes leurs puiſanſes d'aprocher de ces feux, pour antrer aux Pors, aux Havres, & aux autres lieux de sûreté, qu'ils espérênt y rancontrer; més au contrére, plus ils s'aprochênt de ces feux, plus ils se précipitént antre les Rochers, & dans les brizans, qui anvirônént l'Ocha, & l'éfroïable Capharée, où ils périsént tous trés-mizérablemant aûsi-tôt qu'ils y étènt antrés.

Céte furieuze tanpéte dura toute la nuit, & tout le jour suivant, & on vit toute céte Côte couverte de Cors mors, & de Vésaux brizés: Car il est certin que presque toute la Flote des Grecs y périt: Dont Nauplius, s'imaginant que cela étét avenu par un juste chastimant du Ciel, il an resû autant de contantemant, qu'il avét résanti de douleur, par la mort du Prince Palaméde son fis. Il anvoïa an grande dilijance des Couriers de toutes pars, pour fére savoir à un chacun, que toute la Flote des Grecs étét périe, & qu'Vlisse, & Dioméde, qui avênt été la principale cauze de la mort de son fis, y éténs aûsi péris avec tous leurs Vésaux: Et c'est ce qu'il fit principalemant savoir à Auticlie mére d'Vlisse, laquéle an fut télemant touchée, & éle an ût tant de douleur, que son esprit se troubla, & ne voulant pas survivre à un Fis, qu'éle émét extr'ordinéremant, éle se pandit.

Le Prince Oeax, autre fis du Roi Nauplius, & Frére de Palaméde, fit une extréme dilijance d'âler à Argos, où par des discours subtilemant invantés,

tés, il fit prandre les Armes à Egiale, fâme de Dioméde, à Clytemnestre, fâme d'Agamemnon, & à pluzieurs autres Dames, qui arméreat tout le Péis, & êles en disputérent les dêsantes à leurs Maris, de têle sorte qu'Agamemnon y fut surpris, & tüé par sa Fâme Clytemnestre, & par Egiste son ami, des mins duquel Oreste, Fîs d'Agamemnon, dont nous avons parlé ci-devant, & qui étét alors ancore fort jeune, se sauva avec baucoup de péne. Quelques jours aprés que ces chozes se furent insi pâsées, Nauplius êant apris qu'Vlisse, & Dioméde, étênt échapés de ce Naufrage, il an ût tant de regret, qu'il se précipita du haut d'un rocher dans la Mer, dans laquêle il finit pitoiablemét sa vie.

Ie croi qu'on trouvera bon que je dize ici, côme j'é fét ci-devant sur le sujet d'Hypsiphile, qu'il n'étét pas juste que le généreux Palaméde, fis du Roi Nauplius Souverin d'Eubée, ce rare & ecsêlant esprit, à qui les Grecs étênt obligés & redevables de tant de bêles chozes qu'il leur avét ansegné, & à qui nous sômes obligés de l'invansion du Damier, & du Ieu des Dames, & qui a êté si indignemant, & si crüêlemant trêté par les Grecs, ses Conpatriotes ; pâsat ici pour un infame & détestable trêtre : C'est ce qui m'a obligé d'an raporter l'Istoire, avec quelques autres recherches ; & descripsions qui n'auront pôsible pas êté dézagréables aux Curieux.

Pour revenir au Damier, & au Ieu des Dames, on peut ce me sanble bien rézônablemant dire, qu'il est aparâmant vray qu'ils ont de baucoup précédé le Ieu des Echés, on an sera facilemant persuadé, si on considére, qu'il n'y a point d'hônêtes mézons, où il n'y ait un Damier au moins, & souvant deux & plus ; & que même il n'y a persône qui ne joüe aux Dames, ou au moins qui n'an cônêse le jeu, qui est aûsi cômun chés les Rois, Princes, Ségneurs, Gentils-hômes, & Bourjois, que chés les Soldas, Matelôs, Artizans & autres persônes populéres, & qu'il n'y a point de persône de kalité, ni de Cavalier d'hôneur, qui âlant an canpagne, ou à la Guerre, ne fâse porter un Damier dans son équipage. Tout ceci étant trés-vrai, on ne peut nulemant douter de l'ancienetté, de la bauté, & de la nécêsité qu'on a de ce trés-agréable jeu, qui par consékant doit être fort estimé.

Remarque.

IL est à remarquer, que les plus hônêtes persônes, & même les plus sages, & ceux qui font profêsion des plus hautes vertus & des plus sublimes sciences, côme sont les Téologiéns, Eclésiastiques, Religieux, &c. peuvent libremant jouër à cet excélant jeu, & s'y divertir l'esprit aprés leurs plus sérieuzes ocupasions, dautant qu'ancore qu'il soit d'une trés-profonde cônêsanse, & têle que jusqu'à prézant persône n'an a eu une parféte siance, quelque capacité qu'on ait eü, néanmoins il n'ocupe pas tant l'Esprit que le Ieu des Echês, & non plus que luy, il n'a point de hazars, ni de mauvés rancontres; c'est pourquoi il ne surpran pas les Ioüeurs, il ne les transporte point aux caprices, aux Iuremans, ni aux blasfêmes, puisque toutes les fautes qui s'y font, viénent de l'ignoranse, ou de l'inexpérianse des Ioüeurs, côme il est remarqné ci-devant.

C'est pourquoi les Ieux de Siances, ont de tous tant êté trés-estimés; au contrére des Ieux de hazars, qui sont défandus par tous les Législateurs, & par les plus sages Politiques, qui se sont persüadés, avec jugemant & rézon, que les Ieux de hazars étênt de l'invansion du Diable; & côme tels, ils sont défandus par toutes les Loix, même par les Militéres, & par céles de la Mer. Mês tous les Ieux de Siances, seront toûjours trés-estimés, & prinsipalemant celui des Dames, qui peut servir de divertîsemant à tout le monde, an tous tans, an tous lieux, & sans aucune dépance.

Les Turcs, les Indiens, les Tartares, les Grecs, les Arabes, & tous les Oriantaux, y joüent trés-souvant & trés-bien; & quoi que les Persans êment pâsionémant le Ieu des Echês, dont on les fét invanteurs, pôsible avec plus de rézon, que tout ce qui an est dit ci-devant; jusque-là même qu'ils nôment leur Roi le Chat, aûsi-bien que le Sophi : Cela n'anpéche pas qu'ils néênt une particuliére afecsion pour le Ieu des Dames ; aûsi sont-ils civils, courtois, polis, & trés-hônêtes Jans.

Chacun sét, que tous les Européans ont une trés-grande estime pour le Ieu des Dames, & prinsipalemant les Septantrionaux : Et quoi que les Alemans, aûsi-bien que les Espagnols, & les Italiens, estimen t baucoup le Ieu des Echês ; ils n'an êment pas moins les Dames, ils an sont autant ou plus pâsionés que les Francés.

Istoire.

IL est vrai qu'un des plus grans Princes, Souverins d'Alemagne, duquel par respec je ne diré pas ici le nom, a fét un trés-bau Livre sur le jeu des Echés, & qu'un gran Ségneur du même Péïs, a dôné de bons revenus, & de bônes Terres, aux Habitans de Volspergan, qui est vn bau Vîlage dans le Duché de Bronzuic, à la charge & condision, qu'ils seront obligés de jouër aux Echés, contre tous ceux qui se prézanteront, de quelque kalité, ou condision ils soient, pourvû que le défi, ou mômon, n'exéde pas une certéne sôme d'arjant âsés considérable, portée par le même don. Car autremant, & an cas de refus, ils perdrênt toutes les Terres & revenus qui leurs ont été lésés à cosujet, & le tout serét transféré aux Habitans d'un Vîlage voizin, qui les posédérent aux mêmes condifions, ce qui aparâmant n'aviendra james, car tous les Habitans de Volſpergan, ſont grans joueurs d'Echés, ils inſtruizent tous leurs anfans, au moins les plus ſpirituëls, dés leurs plus tandre jeunêſe, an la cônêſance de ce jeu. Pluzieurs Princes, & même des Souverins, font gloire de porter le Cartel à ces braves Péizans, dêquels les civilités & les adrêſes ſont têles, qu'ils lêſént ſouvant tous les avantages & tout l'hôneur du jeu à ces iluſtres hôtes, qui leur font l'hôneur de les viziter, & de les conbatre à ce noble jeu; mês ceux dêquels les kalités ne ſont pas ſi éminantes, n'y reſoivent point de cartier, ils n'y rancontrent aucune grace du côté du jeu, ils periſent nécêſſêremant s'ils manquent de force, d'adrêse, ou de conduite, ils doivent métre toutes leurs espéranses an leurs seules vertus, & an leurs propres valeurs.

Condisions de ce Ieu.

LEs condisions sont, que celui qui ataque jouë seul il ne peut pas être conseillé an quelque sorte & maniére que ce soit, ni directemant, ni indirectemant.

Les Habitans lui prézantent un de leurs Camarades, qui doit aûsi jouër seul, il ne peut recevoir aucun conseil, eccepté que ses conpatriotes, qui le voient jouër, & qui sont tous bons jouëurs, voyans un coup périlleux, lui peuvent dire hautemant, *Camarade, pran garde à toi*, & ce ſans aucune autre parole, ſigne, ni conſeil, obſervant qu'ils peuvent répéter cêt avertîſemãt, toutes les fois qu'ils voient quelque coup périlleux.

Le jeu fini, ſoit que les Péïzans aient gagné ou perdu, ils feſtinent celui qui leur a fét l'hôneur de les ataquer, ils lui font toute la bône chére, & tout le bon trétement qu'ils peuvent, puis ils le reconduizent avec toutes les civilités & tout l'hôneur dont ils ſont capables, & qu'ils peuvent s'imaginer, & ils n'an peuvent recevoir aucun prézant, ſi ce n'eſt qu'il ſoit Souverin, ou Prince, auquel cas ils tiénent à hôneur d'an recevoir quelque prézant, & ils ſe tiénent glorieux d'en avoir été viſités & vincus.

Quoi que les Fransés n'éênt pas chés-eux de tels exanples, on ſait âſés qu'ils ont grande âfecſion pour le Ieu des Echés, & que leurs Rois, leurs Princes, & tous leurs Nobles, ſe ſont de tout tans exercés à cet exélant jeu. Charlemagne y joüoit, & on voit ancore à prezant dans le Trézor de S. Denis an France, des Echés dêquels il ſe ſervêt.

Nous avons an France pluzieurs trés-iluſtres Familles qui ont ce jeu an pôſêſion, & côme par hérédité an leurs mézons, la diſcreſion m'anpêche de les nômer, l'amour que les uns & les autres de ces Mêſieurs, ont pour le jeu des Echés, ne ſert qu'à augmanter celui qu'ils ont pour les Dames, avec lêquêles ils pâſent ſouvant trés-agréablemant le tans.

An-

Ancore qu'il soit dit ci-devant, côme il est trés-véritable, qu'on ne peut pas joüer aux Dames, côme on fét ordinéremant, sans fére baucoup de brüit, à rézon des matiéres dêquêles les Dames & les Damiers sont fês, on le peut toutefois antiéremant éviter, & même joüer dans les chanbres des malades sans les incômoder, il n'y a qu'à doubler les Dames avec quelques étofes de soie, ou de léne, du côté qu'êles pôzent, ou touchent le Damier, & êles ne feront aucun brüit, & même on peut joüer sur des Damiers fés sur du cuir, ou sur du drap, sur du vélin, ou sur du carton, ou sur quelque autre étofe douce &c.

CHAPITRE XIII.

Des condisions qu'on fét, ou qu'on peut fére, auant que de joüer.

Avantages, Condisions, préceptes, Anségnemans &c.

ON joüe but à but, ou avec égalité, & sans aucun avantage de part ni d'autre, c'est pourquoi on tire au sort, à qui joüra le premier an chacune partie, ou on convient qu'on joûra le premier chacun à ſon tour, ou l'un aprés l'autre, afin que l'égalité ſoit toûjours gardée, & an ce cas, il faut joüer deux, ou quatre parties, ou des parties an nonbre pêr, pour que l'avantage ſoit toûjours égal de part & d'autre, côme il eſt dit.

Mês ſi on ne veut joüer qu'une partie, côme par un défi, ou momon, l'un des joüeurs prandra deux pions, l'un blanc, & l'autre noir, & les mêlans dans ſes mîns an cachéte, il an tiendra un an chacune d'icêles fermées ou ranverſées, & il les prézantera inſi à ſon averſére, pour qu'il choizîſe, s'il choizit le pion de la couleur des Dames, avec lêquêles il doit joüer, il joûra le premier, mês s'il choizit le pion de la couleur des Dames de ſon averſére, il joûra le dernier, on an uze insi, parce qu'on n'a pas toûjours des Dés pour jéter au sort, & même il y a des persônes qui font dificulté, ou scrupule d'an manier, ou de s'an servir.

Les avantages sont sinples, ou conpozés.

Les avantages sinples, sont de dôner, ou de resevoir sinplemant.

Les avantages conpozés, sont de dôner & de resevoir ansanble, ou de resevoir & de dôner an même-tans, & ce selon le plus ou le moins, ou le moins & le plus, ou selon qu'on dône plus, & qu'on resoit moins, ou selon qu'on resoit plus & qu'on dône moins, le tout côme on verra ci-aprés.

Des avantages sinples.

IL y a de diverses sortes d'avantages sinples.

Le premier, & le plus sinple de tous les avantages, qu'on peut dôner ou resevoir, est de cômancer à jouër le premier.

C'est une grande question, chés les grans jouëurs de Dames, pour savoir s'il y a de l'avantage à jouer le premier, ou s'il n'y an a point, chacun a ses rézons particuliéres pour soûtenir son opinion.

La miéne est, que celui qui jouë le premier ou qui a le trét a de l'avantage, côme il suit.

Cet avantage est gran, à celui qui s'an peut bien servir; Surquoi on peut dôner pluzieurs rézons. Côme que celui qui cômance le premier à jouër cômance l'ordônance de sa partie, ou de son jeu par où il veut, parce qu'il est l'atakant, & celui qui jouë le deuziéme est l'ataqué, & il n'est par consékant que sur la défansive.

De plus, celui qui jouë le premier, conduit son jeu & toute sa partie selon son vrai ordre, & selon les plus fortes & plus naturêles ganbites, démarches, ou mouvemans de ses Dames, supozé qu'il soit capable de les bien conduire, & par consékant l'aversére ne peut fére autre choze, que de rézister aux ataques de celui qui a le trét, ou qui jouë le premier, lequel par ces rézons, doit gagner la partie, c'est pourquoi &c.

A tout ce qui est dit, on peut ajoûter ce rézônemant, qui est, que selon tous les Filozofes, l'aiant est plus noble que le pâsiant, ou l'acsion plus noble que la pâsion ; mês celui qui a le tret, ou qui jouë le premier agit, & l'autre qui n'est que sur la défensive, ou rézistance pâtit; donc il suit, qu'il y a un notable avantage à avoir le tret, ou à jouër le premier &c.

Vn autre avantage qu'on peut dôner ou recevoir est le refét, cét avantage est trés-gran, car celui qui le dône, doit nécêséremant forcer son aversére, autremant il a perdu, & on voit ordinairement antre des Ioüeurs qui sont à peu prés d'égâle force, qu'ils viênent souvant à n'avoir plus qûe chacun une ou deux Dames, lêquêles sont ordinéremant dispozées de têle sorte, qu'il est inpôsible à l'un de forcer l'autte, ou au plus fort de forcer ſon averſére, quoi qu'an êfet il il ſoit baucoup plus féble, ou moins fort que lui.

C'eſt un trés-conſidérable avantage, de dôner le refét à chacune partie, pour le diminüer on le peut dôner une fois an deux parties, ou de deux parties l'une, c'eſt ce qu'on apêle le demi-refêt, ou on le peut dôner une ſeule fois an trois parties &c. Et ce à condiſion que celui qui reſoit cét avantage, âſignera la partie an laquêle il le veut prandre, car autremant l'avantage an ſerét baucoup plus gran, côme le ſavent trés-bien ceux qui ſont ſavans an ce Ieu.

Vn autre avantage trés-conſidérable, eſt de s'obliger à gagner deux parties contre une, ou trois contre deux, plus ou moins, à la volonté des Ioüeurs, ou côme on ſera convenu.

Avantage d'une Dame Damée.

DOner, ou recevoir, une Dame Damée, eſt un avantage trés-gran, la Dame Damée a ſon mouvemant an reculant aûſi-bien qu'an avanſant; c'eſt une Métrêſe Dame, êle va & vient côme bon lui ſanble ſelon les ocazions, à la diférance des Pions ou des Dames ſinples, qui n'ont leurs mouvemans qu'an avanſant, & il faut qu'êles traverſent tout le Damier, & qu'êles parviênent aux Cazes des Dames courônées de l'averſére, auant qu'êles puiſent aquerir le nom, & la kalité de Dames Damées, c'est à dire aux premiéres bandes qui sont cêles qui contiênent les Cazes notées, sur l'estanpe, par les Chifres ou Caractéres 1, 2, 3, 4. surquoi on doit savoir, que les Dames qui sont aûdites premiéres bandes, ou cazes, sont nômées courônées, parce qu'an éfet êles ont ordinéremant une petite tête pométe, ou courône, sur les milieux de leurs plans supérieurs : Mês cela n'est pas de l'êsance du Ieu, il sûfit qu'on an ait l'intêlijanse; surquoi on peut aûssi estimer que lesdites Dames courônées, sont côme les Rénes, ou les Mêtrêses des autres Dames ou Pions, qui ocupent les deux autres bandes plus avancées, lêquêles cômansent l'ataque, ou le conbat; & que les Dames courônées, ne font leurs mouvemans que pour les ſoutenir, & ſecourir, éles ſõt aûſi preſque toûjours cêles, qui finîſent les parties, an les gagnant, ou qui périſent généreuzemant an les perdant.

Il eſt dit ci-devant, que les Dames Damées ſont fêtes des Pions, qui ont traverſé tout le Damier, & qui ſont parvenus aux Cazes des Dames courônées de l'averſére, & qu'alors ces Pions, ſoit qu'ils ſoient courônés ou non, doivent être Damés. Pour les Dames, on les couvre ordinéremant d'un autre Pion, ou ce qui n'eſt qu'une même choze, d'une Dame ſinple, mês il ſanble que ce ſoit mal-à-propos; car ancore qu'êles ne ſoient que des Dames de bois, ou d'yvoire, ou de quelque autre matiére plus ou moins précieuze, & insansible ; on les devrét plûtôt élever sur une autre, que de les couvrir, pour an quelque fason reconêtre leurs valeurs, d'avoir si généreuzemant franchi la bataille de l'aversére: Mês ceci n'étant pas de l'êsance du Ieu, n'est dit qu'an pâsant, & côme par jeu, & persône ne peut être rézonablemant obligé à céte pratique.

On doit savoir, que toute Dame soit sinple ou Damée, ne va que de Caze an Caze, si ce n'est qu'êle préne, car an prenant, êle saute ou pâse par dêsus le Pion, ou la Dame, qu'êle pran ; & côme êle an peut quelque fois prandre deux, & même trois, soit qu'êles soient sinples ou Damées, quoi

qu'éle

qu'éle méme ne soit qu'un Pion, ou sinple Dame, éle peut alors tout d'un coup traverser tout le Damier, & parvenir de ce méme coup, an l'une des Cazes des Dames courônées de l'Aversére, an laquéle il faut qu'éle poze ou s'aréte, si êle n'est que Pion, ou sinple Dame; car côme téle, êle ne peut pas reculer, quand même êle aurét ancore à prandre; mês si êle étét Dame Damée, êle prandrét an reculant come an avansant, & ce jusqu'à la fin, côme il est dit an l'observasion qui suit.

Observasion considérable.

Il faut observer, que si une Dame sinple, ou Pion, prenant un, ou pluzieurs Pions, ou Dames, d'un méme coup, parvenét de ce méme coup, aux Cazes des Dames courônées de l'Aversére, alors il serét Damé, & il aurét aquis la puîsance des Dames Damées, & néanmoins il faudrét qu'il pozat & qu'il demeurat, pour se se Damer ; car quoi qu'il ût encore à prandre, il ne le pourét fère pour ce coup-là, ce que toute-fois une Dame qui aurét auparavant aquis le titre, ou la kalité de Damée, ferét nécêsséremant, & selon l'ordre du Ieu, côme il est dit ci-devant.

Donc, pour revenir à l'avantage qu'on dône, ou qu'on resoit, d'une Dame Damée, lequel, côme il est dit, est trés-gran, & prinsipalemant si céte Dame Damée, est bien placée par celui qui la resoit.

Pour bien placer la Dame Damée qu'on resoit.

IL faut placer la Dame Damée qu'on resoit, an l'une des Cazes des Dames courônées, êle fera bien par tout an icéles, més êle sera mieux à l'un des Angles, qu'au milieu, & êle sera mieux au coin double, qu'à l'angle, ou coin sinple, si êant avancé les Pions que la Dame damée a devant êle, de sorte qu'êle puîse joüer seulemant d'une Caze an une autre, ou si sinplemant la joüant insi, la tenant toûjours couverte des Pions qu'êle a devant soi, l'Aversére sera forcé par ce moien, de baucoup avanser son jeu, & sans doute de le dézordôner; & le jeu de celui qui resoit l'avantage, demeurant presque toûjours an son même poste, se trouvera trés-fort: & néanmoins il prandra bien garde à la dispozision du Ieu de son Aversére, & il véra à chacun coup, s'il y a quelque choze à fére ou à antreprandre, & s'il n'an pert pas les ocazions, il gagnera indubitablemant; & parconsékant il y a péril à dôner un si gran avantage.

Pour diminuër cét avantage, an dônera seulemant une demie Dame damée, c'est à dire qu'on la dônera une fois an deux parties, ou seulemant un tiers de Dame damée, la dônant une fois seulemant, an trois parties, ou an katre, &c. le tout côme on sera convenu.

Vn autre trés-gran avantage, qui est sans conparézon plus gran que le précédant, est un Pion, c'est un avantage trés-considérable, celui qui le resoit à tréze Pions, contre douze: Quelques-uns veulent que celui qui dône l'avantage d'un Pion, ôte un de ses Pions, & par consékant qu'il joüe avec onze Pions, contre tréze, an ce cas l'avantage est baucoup plus gran; mês ce n'est pas dôner un Pion à l'Aversére, c'est an perdre un de ceux qu'on a; car dôner un Pion à l'Aversére, c'est an ajouter un, aux douze qu'il a, pour qu'il an ét tréze, contre douze, qui font le Ieu conplet. Mês ce discours n'oblige an rien, chacun fét le mieux qu'il peut, & fét sa partie la plus avantageuze, & la plus forte qui lui est pôsible : C'est pourquoi &c.

On peut doner un demi-Pion, un tiers de Pion, &c. mês on trouvera peu ou point de proporsion, an la diminusion de cét avantage ; car certénemant celui qui donant un Pion, se défan bien de celui qui le resoit, & qui peut même le gagner, le gagnera toûjours infailliblemant, & côme nécêséremant, lors qu'il le joüera but à but, ou sans avantage: C'est pourquoi, il faut être trés-circonspec à conserver l'égalité, pour avoir, ou pour trouver le plézir, & le divertîsemant du Ieu ; Car il n'est pas question de considérer le gain qu'on peut fêre, par la dîsimulasion de son Ieu, c'eſt une filouterie, & un piége qu'on drêſe au bien d'autrui : Ie n'écri pas an faveur de ceux qui ont de ſi mauvés, & de ſi pernicieux dêſins ; au contrére j'écri contr'eux, & pour qu'on s'an défie, & qu'on ſe puiſe parer de leurs filouteries & frîpôneries, &c.

Remarques ſur les Avantages ſinples.

IL eſt dit, qu'on peut dôner ou reſevoir une Dame damée, on an peut aûſi reſevoir ou an dôner, deux, trois, katre, & même toutes Dames damées, ſi on veut.

Côme on peut doner, ou reſevoir un Pion, on an peut aûſi dôner ou recevoir deux, trois, & plus : Mês ſe ſont dès avantages qu'on ne done point, par ce qu'an éfet on ne les doit point doner, & on ne le peut, parce qu'on ne peut pas garder de proporsion, an ces sortes d'avantages, qui ôtent l'égalité; & consékâmant tout le plézir du Ieu.

Des Avantages conpozés.

Les avantages qu'on nôme conpozés, sont de doner & de recevoir, an même tans, ou an une même partie; & ces sortes d'avantages qu'on dône insi de part & d'autre sont divers.

On peut dôner une Dame damée, ou une demie-Dame, ou un tier de Dame damée &c. & an même tans resevoir le refet, le demi-refet &c.

On peut dôner un Pion, &

recevoir une Dame damée, ou dôner un demi-Pion, & recevoir une demie-Dame damée, ou plus, ou moins &c.

Remarques.

On remarquera que celui qui dône le refet, & qui resoit une Dame damée, resoit un gran avantage, & que celui qui dône une Dame damée, & qui resoit un Pion, resoit un trés-gran avantage.

Ces sortes d'avantages peuvent être augmantés ou diminüés diversemant, côme pour exanple, on peut recevoir une Dame damée, à chacune de deux parties liées, & ne dôner qu'une fois le refet ausdites deux parties, c'est à dire le demi-refet.

On peut recevoir un Pion, à chacune de deux, ou de trois parties liées, & ne doner qu'u-ne fois une Dame damée, auſ-dites deux, ou trois parties liées ; ce qui eſt trés-facile à antandre : C'eſt pourquoi &c.

Il y a divers autres avanta-ges que les Ioüeurs peuvent invanter, & ſe doner les uns aux autres, ſelon qu'ils conê-ſent leurs Ieux être plus ou moins diférans.

I'é ſouvant vû un trés-bon Ioüeur, doner katre Dames damées, à un autre âſés bon Ioüeur, qui lui donét deux Pions, c'eſt à dire, qu'il jouét avec katorze Pions, contre douze Dames, dêquêles, katre érênt damées ; celui qui reſevét les katre Dames damées, reſe-vét un trés-grand avantage ; car douze Dames, dêquêles katre sont damées, sont baucoup plus fortes que katorze Pions. Ie croi qu'il n'est pas nécêsére de dire, que les katre Dames damées étênt placées aux Cazes des Dames couronées, par ce que cela s'antant âsés: Donc &c.

Suite des Remarques & Anotasions considérables.

IL est dit aux discours & rézonemans précédans, que le Ieu des Dames, est d'une si grande, & d'une si profonde intêlijanse, que jusqu'à prézant persône n'an a ëu une parféte conêsanse, quelque savant qu'on ét été, tant aux Téories, qu'aux Pratiques des Ars, & des Siances, & même an cêles qui sont Démonstratives, come sont les

Matématiques, dèquêles ce Ieu dépan, côme étant fondé, ou êant pour baze, l'Aritmétique, & la Géométrie. Il est aûsi trés-certin, que de trés-excélans Matématiciens de nôtre siécle, ont èté trés-grans Iouëurs de Dames, & qu'il y a ancore à prézant pluzieurs persones, tant an France, Italie, Alemagne, &c. qui sont trés-intêlijantes aux Matématiques, & au Ieu des Dames : Mês on n'a pas ancore démonstrativemant trouvé, la partie avec laquêle on peut gagner toutes les autres : Ce n'est pas qu'êle ne soit, & qu'on ne la puisse trouver; mês êle n'a pas ancore èté trouvée, come il est dit. On s'an ètonera, peut-être avec rézon, ou sans rézon; car il y a baucoup d'autres chozes, qui

qui ſont actüélemant an la Nature, & qui nous ſont prézantes, vizibles, & palpables, dêquêles les démonſtraſions ne ſont pas ancore trouvées, quoi que de tans an tans, pluzieurs trés-ſavans Homes s'y ſoient baucoup pénés, & dêquels quelques-uns, ſe ſont vénemant vantés, d'an avoir trouvé les démonſtraſions, côme, antre les autres, la démonſtraſion de la kadrature du Cercle, de laquêle on démontre facilemant la pôſibilité, & pluzieurs autres: C'eſt pourquoi, on ne s'étonera pas, de ce que la partie avec laquêle on peut gagner toutes les aurtes, n'eſt pas ancore trouvée, ni même ſa pôſibilité.

On ſe persüade toute-fois, côme il eſt dit ci-devant, que celui qui a le trét. ou qui joüe le premier, doit gagner, par la parféte conduite de son jeu; il faut donc savoir céte parféte conduite : mês si à céte parféte conduite qui ataque, on opoze une parféte conduite qui défand, ou qui soûtient, on viendra nécéssérement à l'égalité d'antre céte ataque & céte défance. Ce discours est selon les Loix de la Filozofie, & de la Rézon : Car si les perfecsions supozées sont égales antr'éles, l'une ne l'anporte pas sur l'autre, autremant l'égalité supozée ne serét plus, & par consékant &c. Les subtils Filozofes & Matématiciens, trouveront ici un gran sujet d'exercer leurs baux Espris. Mês,

On peut inférer du rézonemant qui suit, que la parféte consêsance du jeu des Dames, eſt d'une plus bêle ſpéculaſion que cêle des Echês: Car on a ſouvant vû, côme on peut voir ancore à prézant, qu'un bon Ioüeur d'Echês, a dit avec âſûrance & vérité, de qu'êle pièce il donerét le mat, & même d'un Pion, âſignant le Pion avec lequel il devét mater, & il n'y manquét pas, ancor que ſon Averſere fut bon Ioüeur, & même preſque aûſi fort que lui: Més au Ieu des Dames, il eſt inpôſible d'âſigner de quel Pion, ou de quêle Dame damée, ou non damée, on joura le dernier coup de la partie, & duquel on la gagnera; cela n'a pas ancore été vû, ny conu, juſqu'à prézant, & les objecſions qu'on pourét fére contre céte rézon & vérité, ſont nulles ou de peu de conſékance: On pourét ſeulemant dire, que le Ieu des Echês, a été baucoup plus étudié que celui des Dames, & que de plus baux, & de meilleurs Eſpris, s'y ſont baucoup exerſés ; ce qu'on n'a pas fét aux Dames. Mês il eſt trés-conſtant, que de trés-excêlans Hômes, trés-grans Eſpris, & trés-ſavans, dans les Ars, & dans les Siances, & principalemant aux Matématiques, y ont fort travaillé, & y ont doné baucoup de leurs tans, & de leurs Etudes ; aûſi étênt ils trés-grans Ioüeurs de Dames, & antre les autres, le feu Sieur Pierre Hérigone, qui étét trés-ſavant Matématicien, & trés-fort joüeur de Dames, côme aûſi le feu Sieur d'Aubertin trés-gran Filozofe & Téologien, les feux Sieurs Morins,

Baltazar, & pluzieurs autres de nôtre tans, tous baux Espris, & trés-invantifs aux Ars, & aux Siances, & tous grans Ioüeurs de Dames; côme étét pareillemant le feu Sieur l'Hoste, qui s'y étét têlemant étudié, qu'il avét retenu an sa mémoire, ou par cœur, un nonbre presque incroiable de parties toutes diférantes antr'êles. Les sieurs de Saint-Venant, Intorne, du Frency, de Saint-Remi, & un gran nonbre d'autres, qui sont autant ou plus considérables par leurs Siances, Vertus, & Mérites, que par le Ieu des Dames; côme est aûsi le Sieur Robert Berquen, Marchand Orféyre à Paris, qui a mis an lumiére un Livre intitulé *Lss Merveilles des Indes Oriantales & des Occidantales*; sur le sujet des

Pierreries, des Perles, de l'Or, de l'Arjant, & de leurs titres, tant pour Paris, que pour les principales Villes de l'Europe. Nos nouveaux Bibliotéquéres n'ont pas fét mansion de ce Livre, qui est moderne, non plus que de pluzieurs autres, qui pour cela n'an sont ni moins considérables, ni moins estimés.

Le respec & la discrétion m'anpêche de nomer ici diverses persones de Nêsance & de Kalité, qui joüent trés-bien aux Dames; & néanmoins il n'y a persone qui ait ancore pû trouver sur le Ieu des Dames; ce qui est dit ci-devant, sur celui des Echês: C'est pourquoi, on peut rézonablemant dire, que le Ieu des Dames, est d'une plus profonde intélijance, que celui des Echês, & qu'il mérite d'être pratiqué par les meilleurs Esprits, côme aûsi par les plus hônêtes & plus vertüeuzes persônes, tant de l'un que de l'autre sexe; côme il est dit ci-devant.

Consékance.

De ce qui est dit il suit, qu'on ne doit nullemant crére, ceux qui dizent qu'ils conêsent des Hômes, qui jouent aux Dames par démonstrasion, & qui par conséκant gagnent toûjours, ou ils ne perdent que quand ils veûlent; si cela étét, ou avét quelque-fois été, il est certin que ces Mêsieurs dêquels j'é parlé ci-deuant, l'aurênt fét, autant ou plû-tôt qu'aucuns autres, pour les rézons dites, &

qu'il n'est pas nécesére de répéter: Et que s'il m'étét permis de parler de moi, je dirês que je l'aurês pû fêre autant, aûsi-bien, & aûsi prontemant que ceux qui s'an sont vantés, & qui s'an vantent ancore à prézant. Mês cela n'est pas, il est vré que j'é vû des Ians qui s'an vantênt, deux dêquels ûrent l'éfronterie & l'inpudance, de prométre par âfiches Publiques, qu'ils firent métre à Paris, qu'ils anségnerênt à joüer aux Dames, par démonstrasion Géométrique : Mês quelques-uns de ces Mêsieurs, que j'é nômé ci-dêsus, s'êtans dônés la péne de les voir, fégnans vouloir aprandre d'eux, les trouvérent n'être que de febles Ioüeurs, mês de trés-prézonptüeux, & trés êfrontés inposteurs, ignorans & inpudans.

On ne doit ajoûter aucune foi aux discours de ceux qui dizent que les Turcs, Mores, Espagnols, Portuguais, &c. joüent aux Echês êtant à cheval âlans an Canpagne, & que les Aveugles y joüent aûsi trés-bien, il est vrai que j'é vû, & trés-particuliéremant cônu un Aveugle, Hôme de kalité, de trés-bon esprit, & d'une trés-heureuze mémoire, qui se vantét de dôner de l'avantage, & même d'une piéce, à d'âsés bons Ioüeurs d'Echês, & trés-clers voians, ôfrant même de joüer de l'Arjant âsés considérablemant : Mês on n'an vint point aux éfés, pôsible acauze de la témérité de l'un, ou de la timidité des autres. Il est vrai, qu'on peut, par une forte aplicasion d'esprit, de l'imaginasion,

& de la mémoire, joüer quelques coups, & même continüer une partie âsés avant, tant aux Dames qu'aux Echês, mês de conduire intélectüêlemant an l'un ou an l'autre de ces Ieux, une partie jusqu'à sa fin. I'estime qu'il est inpôsible, à qui que ce sêt, de le fére: Il est vrai qu'aux Echês, on peut dôner an peu de coups l'Echec de la Bergére: Mês cela n'a point de lieu au jeu des Dames. Et par consékant &c.

On ne doit pareillemant point crére, que les Singes joüent aux Echês, & l'Istoire du Singe de l'Anpereur Char'es-le-quint, ne peut-être que fabuleuze, éle dit que ce Singe joüant aux Echês avec cét Anpereur, qu'il lui dona l'Echec-&-mat, dont l'Anpereur étant fâché, ou plûtôt an riant, dôna un soûflet à ce Singe; & qu'une autre-fois ce même Singe, joüant ancore aux Echês avec cét Anpereur, & étant prêt de le mater, il tira le coûsin qu'il avét sous ses fêses, & le mit prontemant sur sa tête, avant que de doner le mat, de crinte de recevoir ancore une fois sur ses oreilles, ou au tout cas pour les parer du coup.

Pline dit, que les Singes joüent bien aux Echês.

Montagne, au Chap. 50. de son premier Livre, dit, que le Ieu des Echês est un jeu niés & püérile: Il blâme fort Alexandre le Gran, de si étre adoné. Surquoi on peut dire, que Montagne étét un ignorant au Ieu des Echés, & qu'il n'an conêsét point la bauté: Car il aurét bien autremant parlé de cet excélant Ieu, & de ceux qui s'y excersent.

Mês quoi qu'il an sét, on peut rézonablemant conclure de tout ce qui est dit ci-devant, que le Ieu des Dames est préferable à celui des Echês, & qu'il est plus comode, & baucou plus divertîsant, dautant qu'il n'ocupe pas tant l'Esprit, les parties n'an sont pas si longues, & il est constant que deux bons Ioüeurs de Dames, joüront plus de parties des Dames, an l'espace d'une heure, que deux bons Ioüeurs d'Echés ne jouront de parties d'Echês an un jour antier : Et on a souvant vû des parties d'Echés, durer non seulemant pluzieurs heures, ou pluzieurs jours, més même pluzieurs mois, &c. Il est

est vray que ces paries étênt de trés-grande consekance, il y avét pluzieurs intérêsés de part & d'autre, deux joüênt, mês tous les intérêsés pouvênt conseiller, on consultét an particulier sur chacun coup, & on opinét toûjours avant que de joüer ; & insi il ne faut pas s'étôner, si ces parties durênt si lon-tans ; & quelque-fois sur les dificultés qui y survenênt, qui étênt trés-grandes, & de têle conséxance, que pour les vüider, on êtét obligé d'âller, ou d'anvoier au loin, ou an des Provinces éloignéés, vers des Persônes capables de les lever. I'an dirês davantage, mês les Spiritüels an ce Ieu, s'imagineront âsés facilemant diverses bêles chozes que je pourês avec rézon & vérité dire sur ce sujet.

CHAPITRE XIV.

Les Régles générales, Canons, ou Maximes, qu'il faut savoir, & trés-exactement observer, au Ieu des Dames.

Préparasions & Avertissemans nécésséres.

AN tous les Ieux, cóme an tous les autres exercices, il y a de certénes Loix ou Régles, qui servent de bornes & de limites à tout ce qu'on y fet, ou qu'on y peut fére, lêquêles il faut nécêsséremant observer ; car si on les viole, le Ieu ne sera plus Ieu, ce ne sera plus que folie, n'étant plus ce qu'il avét été an son établîsemant.

Au Ieu des Dames, côme an tous les autres Ieux ou exercices, on peut fêre des Loix, & les établir côme on voudra, on se servira de cêles qui suivent, si on les croi bônes & rézonables, sinon on an établira d'autres têles qu'on voudra.

Quelques-uns trouverênt ici un gran sujet d'antretenir les Lecteurs, sur les diférantes Loix des divers Etas, côme des Monarchiques, qui sont gouvernés pat un seul; des Aristocratiques, qui sont gouvernés par les Principaux ; des Démocratiques, gouvernés par les Peuples, &c. Mês côme je ne suis pas ami de la prolixité, je diré ſeulemant, que les Loix ſont Divines, ou Huménes, qu'èles ſont diſtinguées an Morâles, Cérémoniâles, & Iudiciâles ; qu'èles ſont les plus juſtes, & les plus rézonables Métrèſes des Hômes ; qu'èles ſont les fondemans de la Iuſtice, & les Rénes des Dieux ; qu'èles ſont Sintes & Sacrées ; & que par conſekant èles doivent être inviolablemant gardées, & exactemant obſervées.

Autre-fois, an certins Etats, Républiques, Peuples, &c. côme, pour exanple, chés les Locriens, il n'êtét pas permis de propozer une nouvéle Loi dans les Aſanblées, ſans avoir un cordeau au col, pour an être aûſi-tôt êtranglé, au cas que la Loi propozée ne fut pas trouvée être extrêmemant utile, & avantageuze au bien de l'Etat, ou de la République. Ici il n'an est pas de même, car nos Dames ont autant de bontés, & de clemances, que de générozité, & de vertus; & êles observeront les Loix des nouvaux Législateurs, si êles sont bien persuadées, que leur Ieu an puisse devenir plus agréable & meilleur. C'est pourquoi &c.

Le Ieu étant ouvert, & étant prézanté les Dames blanches, à celui contre lequel on doit joüer, si on lui veut fére hônour; chacun rangera ou ordônera ses Dames sur les Kazes blanches, pour les rézons déclarées ci-devant: de sorte, qu'êles ocupent le plus justemant qu'il sera pôsible les milieux desdites Cazes, ou qu'êles soient égalemant distantes des angles des Karés qui les forment: Le tout côme il est dit. Ce qu'étant fét, on véra an suite à qui aura le trét, ou à qui joüra le premier; côme il est cléremant expliqué ci-dêssus.

Aûsi-tôt qu'on aura cômancé à joüer, on ne portera point la min sur le Damier, si ce n'est pour joüer, & on joura prontemant la Dame qu'on aura touchée, on ne la levera point pour la tenir an sa min, ou antre ses doîs, an l'êr; parce que cela trouble le Ieu, & n'est pas de bône grace, ni d'un galant Hôme, & bon Ioüeur.

Si par accidant, ou par quelque mouvemant, ou remumant

du Damier, ou autremant, les Dames étênt an quelque fason dérangées, ou dézordonées, on demanderét permîsion de les bien remétre, ou de les ranger, ou sinplemant on dirét j'adoube ou je range, avant que de les toucher, autremant on serét forcé de joüer cêle qu'on aurét touchée, si êle pouvét être joüee; ce qui pourét cauzer la perte de la partie, côme il est plus anplemant expliqué ci-apres.

Premiére Maxime, Régle générale, ou Canon.

ON joüra nétemant, & franchemant, & sans aucune tronperie ni tricherie, & on ne fera point d'incidans, ni de querêles sur le Ieu.

Deuxiéme Maxime.

ON ne fera aucun juremant ni blasféme ; côme aûsi on ne joura jamés contre aucun Iureur, Renieur, ni Blasfémateur, ni contre aucun Fripon, ni Filou, ni contre aucune persône de mauvéze odeur, ou réputasion.

Troiziéme Maxime.

ON joura nécêsséremant la Dame qu'on aura touchée, si on la peut joüer, suivant la Loi inviolable des Dames, qui dit que, qui touche joüe, ou Dame touchée est Dame joüée ; c'est à dire qu'il la faut joüer, si êle est joüable, côme il est dit.

Katriéme Maxime.

ON prandra nécéssséremant le Pion, ou la Dame qu'on a à prandre ; autremant on a perdu la partie.

Explicasion de céte katriéme Maxime, & de cêle qui la précéde.

ON doit distinguer, divizer, ou considérer le Ieu des Dames, an deux fasons, dêquêles l'une est nômée le Forsat, & l'autre est apélée le Plézant.

Le Forsat doit être distingué, ou considéré, être de deux sortes, l'une est nômée le gran Forsat, & l'autre est apélée le petit Forsat.

Le petit Forſat, eſt celui auquel on ne pert point la partie: Lorsqu'on a à prandre quelque Pion, ou quelque Dame, & qu'on ne la pran point, ou qu'on manque à la prandre, parce qu'on ne la pas vûe; & an ce cas on pert le Pion, ou la Dame damée, avec laquêle on devét prandre, & on apéle cela ſoufler; parce que l'Averſére pran ce Pion, ou céte Dame, il la ſoufle, & êle eſt à lui, par l'ordre, & par le droit du Ieu; il la met an ſa min, ou avec les Dames mortes, ou qui ſont hors du Ieu, ou hors du Damier; & céte ſorte de Ieu eſt nômée joüer à ſoufler.

Aprés que l'Averſére a pris & ſouflé ce Pion, ou céte Dame, & qu'il l'a ôtée du Ieu, il joüe ſon coup: Car c'eſt une maxime au Ieu des Dames, que ſoufler n'eſt pas joüer.

Mês ſi l'Averſére veut, il ne ſouflera point, il forcera à prandre; car il avient ſouvant qu'on gagnerét baucoup, ou qu'on perderét moins, an ſe lêſant ſoufler, que ſi on prenét: Dautant qu'an prenant, une, ou deux Dames, à l'Averſére, il an repran quelque-fois deux, ou trois, & quelque-fois katre, & plus; & inſi ce ſerét quelque-fois un trés-gran avantage de ſe lêſer ſoufler. C'eſt pourquoi on doit ancore diſtinguer ce Ieu, & il faut demeurer d'acor, avant que de cômancer à joüer, qu'on prandra ſi on veut, & qu'on ne poura pas être forcé même an avertiſant, ou qu'on ſera forcé de prandre an avertiſant. Et inſi céte métode de jouër est nômée le petit Forſat.

Lors qu'on est convenu de prandre ſi on vevt, & que l'avertîſemant ne peut obliger à prandre, céte ſorte de Ieu est apélée le plézant, & on est quite pour être ſouflé, c'est à dire de perdre le Pion, ou la Dame, avec laquêle on devét prandre.

Ie ne parle point ici du Ieu auquel on ne ſoufle point, & auquel on n'est point obligé de prandre, quoi qu'on avertîſe; car c'est un Ieu d'Anfant, & qui ne mérite point de Loix.

Il y a une certéne Loi, que j'é vû obſerver an pluzieurs lieux, & même an pluzieurs Povinces de France, & ailleurs, an joüant au Plézant, qui est, que celui qui touche un Pion,

ou

ou une Dame, & qui ne la Ioüe point; parce qu'il ne la veut pas joüer, à cauze qu'il á conu qu'an la joüant, son Ieu an serét mauvés, pire, ou moins bon, que s'il joüét quelque autre Pion ou Dame; & c'est la rézon pour laquéle il ne veut point joüer, ce Pion ou céte Dame, qu'il a touchée, & qu'il avét dêsin de joüer, avant qu'il se fut apersû, qu'il pouvét mieux joüer par ailleurs: Et néanmoins on ne le peut soufler, parce qu'on joüe au Plézant, ou on ne soufle point, & on ne peut être obligé à joüer ce Pion, ou céte Dame, ancore qu'on ût á prandre avecicéle; on joüe par conséxant ce qu'on veut; on est seulemant obligé par céte Loi, de bézer le Q du Pion, ou de la Dame qu'on a touchée, & qu'on ne veut pas joüer ; & cela côme pour lui fére réparasion d'hôneur, qui est une espéce d'amande honorable, pour l'avoir touchée, & de ne la pas joüer.

On doit savoir que le Ieu des Dames, est un jeu d'hôneur, & on le doit joüer réguliéremant & exactemant, c'est à dire à toute rigueur; & c'est ce qu'on apéle le gran Forsat, ou sinplemant le Forsat, car ce mot de Forsat étant dit sinplemant, doit être antandu du gran Forsat : C'est celui qui s'âsujétit exactemant, aux Régles, & aux Loix, de céte prézante katriéme Maxime, qui dit, que celui qui manque à prandre, pert nécêséremant la partie: Et il est certin que ce Ieu doit être insi pratiqué, étant véritable que si on s'acoutume à joüer toûjours bien réguliéremant, qu'on deviendra fort an trés-peu de tans; & on y trouvera baucoup de plézir & de divertîsemant.

Ce Ieu est de têle force, qu'il conpran an soi, ou est fondé, non seulemant sur céte prézante katriême Maxime, mês aûsi sur la troiziême, qui dit, qu'une Dame qui est touchée doit être jouée, télemant que si on a à prandre, & que par inâvertance, par oubli, ou autremant, on touche quelque Dame qui puîse être jouée, & qu'auparavant, ou au moins au même tans qu'on la touche, on ne die point, j'adoube, j'ordône, je range, ou je drêse mon Ieu, ou mes Dames; ou pour le mieux, & pour le plus court, j'adoube, qui est le terme ordinére, & le plus uzité an cête ocazion, on pert nécésétemant la partie: Car on est obligé, par la troizième Maxime, de jouër la Dame qu'on a touché; & on n'an peut pas jouër une autre, ni par consékant cêle avec laquêle on a à prandre. Donc par cête prézante katrième Maxime, on a perdu la partie.

Surquoi il faut ancore remarquer, qu'on doit de nécésité prandre tout ce qu'il y a à prandre, car autremant on a perdu la partie; côme, pour exanple, si on a deux ou trois Pions, ou Dames, à prandre, soit qu'êles soient Damées, ou qu'êles ne le soient pas, & qu'on n'an prêne qu'une, ou deux, c'est à dire qu'on ne préne point tout ce qu'on a à prandre, on a perdu la partie.

Il faut ancore observer, que si on a à prandre, deux, trois, katre, ou plus de Pions, ou de Dames, ou de Pions & de Dames ansanbles, qu'il les faut prandre tout d'un coup, & sans quiter ou abandoner de la min, le Pion, ou la Dame, avec laquéle on doit fère céte prize; car autremant on aurét perdu la partie.

Si on a deux, ou trois, ou plus de Pions, à prandre d'un côté, & qu'on an ait autant à prandre d'un autre côté, il n'inporte pas de quel côté on préne, à cauze de l'égalité, ou par ce qu'on an a autant à prandre d'un côté, que de l'autre: Le même doit être antandu des Dames damées, côme aûsi des Dames damées & des Pions mêlés ansanbles; côme, pour exanple, si d'un côté on avét à prandre, deux Pions & une Dame damée; & que d'un autre côté on ût à prandre uneDame damée & deuxPions, il n'inporterét pas de quel côté on prandrét; car d'un côté, côme de l'autre, il y a non seulemant égal, ou pareil nonbre de Pions & de Dames, ou de Dames & de Pions; mês il y a aûsi pareilles ou égales forces, kalités, &c.

Mês si on avét un Pion à prandre d'un côté, & que d'un autre côté on ût une Dame damée à prandre, il faudrét de nécêsité prandre la Dame damée, & non pas le Pion; car autremant on perderét la partie: La rézon est, que la Dame damée est plus noble, vaut mieux, ou est estimée être plus forte qu'un Pion, côme an êfet êle l'est c'est pourquoi il la faut nécêsséremant prandre, car autremant on a perdu la partie.

Objection.

SVr tout ce qui est dit on pourét objecter, côme il avient souvant, qu'an prenant le Pion, & non pas la Dame, on fét son Ieu meilleur, ou même qu'on peut plus facilemant gagner la partie, ou qu'an éfét on la gagnera nécêsséremant; & qu'au contrére an prenant la Dame, on fét son Ieu pire, ou même on est an êtat de perdre la partie, ou qu'an éfet on la pert. La Réponse est,

qu'il n'inporte, c'est une nécésité, on y est forcé, c'est la Loi
du Ieu, il faut prandre du côté du plus fort, & la Dame
damée, étant plus forte que le
Pion, côme il est dit ci-dêsus,
il la faut nécéssérement prandre, car autremant on a perdu
la partie.

Ce qui est dit d'un Pion, &
d'une Dame damée, doit aussi,
à plus forte rézon, être antandu de deux, ou de trois Pions
d'un côté, & de deux, ou de
trois Dames, d'un autre côté, &c.

Mês si d'un côté, on avét
trois Pions à prandre, & deux
Dames damées, d'un autre, il
faudrét prandre les trois Pions,
car autremant on perdrét la
partie; & ce à cauze que trois
Pions, sont plus fors que deux

Dames damées; ou par la régle générale, qui dit, qu'il faut prandre du côté du plus plus, ou de la plus grande kantité ou nonbre, parce qu'il est estimé le plus fort; côme an éfet il est trés-véritable qu'il l'est. &c.

De tout ce qui est dit ci-devant, on peut former la régle générale qui suit, & qui fét la cinquième Maxime.

Cinquiéme Maxime.

IL faut non seulemant prandre du côté du plus, mês aûsi du côté du plus fort.

Explicasion.

Si on avét à prandre d'un côté avec un Pion, & que d'un

autre côté on ût à prandre avec une Dame, il n'inporterét pas de quel côté on prit, soit avec le Pion, ou avec la Dame, pourvû qu'on observa céte prézante cinquiême Maxime, qui est de prandre toûjours du kôté du plus, & du plus fort; car autremant on pert la partie.

Le plus fort doit être antandu du Ieu de l'Aversére, lequel au Ieu, aûsi-bien qu'an Guerre, on doit âféblir, tant qu'on poura, & même totalemant détrüire, si on veut gagner: Et on doit savoir que le Ieu des Dames, est une continüêle Guerre; céte vérité sera mieux cônuë par les expériances, que par les discours qu'on an pourét fêre, ceux qui les sauront bien conduire, & qui leur feront prandre de bons, de justes, & de rézonables mouvemans, an retireront de grans contantemans, les autres au contrére y périront nécêssérement.

Sixiéme Maxime.

CElui duquel les Pions, ou Dames, ou Dames & Pions, sont anfermées, de téle sorte qu'il n'an puisse joüer aucune, a perdu la partie.

Il avient quelque-fois que le Ieu se trouve têlemant dispozé, que les Dames de l'un des Ioüeurs, sont anfermées par les Dames de l'autre, de téle sorte que celui qui est insi anfermé ne peut plus joüer; c'est pourquoi il a perdu la partie: Et cela avient an pluzieurs maniéres, quelque-fois avec plus, & quelque-fois avec moius de Dames: Ce qu'on verra âsés souvant avenir au la pratique du Ieu.

Setiéme Maxime.

SI joüant d'égal, ou sans avantage de part ni d'autre, on vient à n'avoir plus qu'à chacun une Dame, & qu'aprés quelques coups joüés, on voye qu'on ne puise gagner ou perdre, de part ni d'autre; on doit recômanser la partie, pour ne pas perdre inutilemant le tans; & c'est ce qu'on doit aûsi pareillemant fére, lors qu'il ne reste que deux Dames, à chacun des Ioüeurs.

Diférance, & explicasion de céte Maxime.

MEs s'il y a quelque avantage dôné de part ou d'autre, celui qui resoit l'avantage, n'est pas resû à demander à recômanser; parce qu'il est le moins fort, à rézon de l'avantage qu'il a resû.

Si l'un resoit le refét, & qu'on viéne à n'avoir plus que chacun une Dame, & qu'aprés quelques coups joüés, si celui qui a resû le refét, se tient télemant sur ses gardes, que l'autre ne le puîse forcer, celui qui a resû le refét, a gagné la partie.

Ce qui est dit d'une Dame de reste à chacun, peut & doit aûsi ètre antandu de deux Damês : Car, pour exanple, si celui qui a resû le refét, a ses deux Dames aux koins doubles, une à chacun; Que l'autre joüe ce qu'il voudra avec les deux siénes, il ne peut pas forcer, ni gagner; & par consékant il a perdu la partie, par ce qu'il a doné le refét.

Céte circonstance n'avient pas seulemant aux koins doubles, êle peut avenir an divers autres lieux sur le Damier, côme on verra par expériance, à toutes lêquêles, celui qui dône le refét, a perdu la partie; parce qu'il ne la peut pas gagner, côme il est dit.

Si on vient à n'avoir plus qu'à chacun trois Dames, & qu'on joüe d'égal, on convien-dra de recômanser, si on le dezire de part & d'autre.

Si on dône le refét, ou quelque autre avantage, & qu'on viéne à n'avoir plus qu'à chacun trois Dames, celui qui resoit l'avantage, ne peut demander à refère, & il n'y sera point resû, parce qu'il resoit de l'avantage, & partant il est le moins fort.

Consékance.

DE ce qui est dit il suit, que si on dône de l'avantage, & qu'an même tans on an resoive, & qu'on viéne à n'avoir plus qu'à chacun trois Dames, ou Pions, ou qu'an éfet le Ieu soit égal, celui qui resoit le plus gran avantage, ne sera point resû à demander à refère.

Il peut aûsi avenir, que ne restant qu'à chacun trois Dames, ou Pions, ou Pions &

Dames, de têle sorte que le Ieu soit égal, tant an nonbre, qu'an valeurs de piéces; néanmoins, le Ieu de celui qui resoit avantage, ou le plus gran avantage, étant mieux scitüé ou placé, ou étant mieux dispozé, que le Ieu de son Aversére: alors celui qui dône l'avantage, & qui an éfet est le plus fort Ioüeur, ne sera pas resû à demander à refêre, à cauze que son Ieu n'est pas si bien dispozé que le Ieu de son Aversére.

Deuzième & dernière Consékance.

DE tout ce qui est dit il suit, que si l'un demande à refêre, qu'il est au choix, & à la volonté de l'autre, d'acsepter ou de refuzer, & il ne peut être forcé d'acorder le refet : C'est pourquoi il faut jouer jusqu'à la fin : Il est toute-fois d'un honête-Hôme, & d'un Hôme d'honeur, de ne soutenir, ou de ne défandre pas opiniâtremant une mauvéze cauze. C'est à dire an un mot, qu'il faut acorder, ceder, quiter, & pêer, quand on a perdu. C'est l'acsion d'un galant-Hôme; & c'est ce qu'on pratique à la Guerre, aûsi-bien qu'au Ieu. Il y a de la honte à toûjours perdre; mês il n'est pas hônête de toûjours gagner: Il faut gagner, & il faut perdre, chacun à son tour, ou l'un aprés l'autre, quant même on le ferét exprés. C'est pourquoi il faut que les parties soient égales de part & d'autre, pour qu'on puiſe perdre & gagner, on gagner & perdre. Celui qui gagne toûjours, ou qui eſt trop heureux au Ieu, coure riſque d'être malheureux an l'âme, & par conſékant il ſera mizérable durant tout le cours de ſa vie, ſans conter ce qui lui aviendra aprés. Donc &c.

CHAPITRE XV.

Diverses Métodes de bien joüer aux Dames.

Prélude ou avant Ieu.

OVi il est vrai, que ç'a été pour l'amour de vous, & autant pour vous conplére, que pour me conserver an l'hôneur de vôtre amitié, & de vôtre bienveillanse, que j'é conpozé, & que je vous ê doné par écrit, les Maximes, les Canons, ou les Régles générales, & les particuliéres, qu'il faut trés-exactemant garder & obſerver, au Ieu des Dames : Mês n'eſpérés pas que je vous anſégne une partie, par le moien de laquêle vous puîſiés gagner toutes les autres, & par conſéкant tout le monde, ou au moins tous ceux qui ozerênt s'ataquer à vous. Car an vérité je ne la ſê pas, & même il pourét être que quand je la ſaurês, que je ne vous l'anſégnerês pas ; car outre qu'an ce fezant je vous ôterés tout le dezir, le plézir, & toute l'eſpérance de la trouver vous-même, il ſerét certin que vous ſauriés le Ieu, aûſibien que moi, & je ſerês toûjours, & à jamés, privé de la gloire & de l'hôneur, qu'il y à à vous gagner : Et de plus, tout le divertîſemant que vous prenés ſouvant à cét agréable

Ieu, vous ſerét ôté, dautant que céte partie étant écrite, & dônée au Public, tout le monde la ſaurét, & chacun an ſerét pôsêſeur, aûſi-bien que vous & moi; & le Ieu des Dames ne ſerét plus Ieu, il ſerét une Siance, pure, cônüe, & démontrée, chacun ſi conduirét par une même & trés-âſurée métode, de laquêle les Eſpris étans plénemant contans & ſatisfês; on ne ferét plus aucunes recherches, ni reflexions ſur les Dames, dont les plus grans contantemans conſiſtent aux diverſes conduites, acſions, caprices, imaginaſions, êfês, & tantatives, que les Ioüeurs font ordinéremant, & même à tous momans ſur icêles; ce qui cauze un inimaginable nonbre de variétés, d'accidans, & de rancontres, d'ou procédent les plus baux, les plus agréables, & les plus délicieux divertîsemans de leurs Ieux.

Ie feré néanmoins tout mon pôsible, pour vous anségner, par une métode générale & universêle, & par diverses métodes particuliéres, à si bien conduire vôtre Ieu, que j'espére que vous an receverés un trés-gran contantemant; & qu'an peu de tans, par la pratique de ce que je vous auré anségné, vous serés capable de vous exercer contre les meilleurs & les plus fors Ioüeurs: Et alors vous pourés avec autant de rézon que de vérité, vous vanter d'an être du nonbre, parce qu'an éfet vons an serés.

Métode génerale & universèle de bien Ioüer aux Dames.

Explicasion.

J'Estime que je vous é sufizâmant expliqué, le Damier, les Dames, & leurs Pozisions ou Situasions sur ledit Damier, & néanmoins, je me serviré de la premiére Planche, qui réprezante le Damier nud & sans Dames, sur lequel vous voiés que les karrés, ou Cazes-blanches, sont notées par chîfres an chacun côté; & côme vous savés que chaque Ioüeur a douze Dames, avec lêquêles il faut joüer; les lieux d'icêles sont notés sur le Damier, par les chîfres que vous y voiés reprézantés, depuis un juſqu'à douze : Ie me ſerviré de cét ordre, pour vous montrer à bien conduire vôtre Ieu ; & vout remarquerés qu'il y a deux rans de vüide, un an chacun côté du Damier, les karés ou cazes dêquels, ſont notés tréze, katorze, kinze, & ſêze, an chacun kôté du Damier, têlemant que toutes les cazes, ou karés, ſur lêquels les Dames font leurs mouvemans, qui ſont les blans, ſont notés de ſuite, depuis un juſqu'à ſêze, ſur chacun des côtés dudit Damier : Et vous obſerverés de plus, que ces Cazes ou karés, prandront leurs dénominaſions, ou leurs noms, des nonbres qu'ils contiênent, ou qui ſont reprézantés, ou êcris ſur iceux ; têlemant que celui

qui

qui est noté 1. sera toûjours nômé le premier karé, ou, la premiére kaze ; celui qui est noté 2. sera toûjours nômé la deuziême kaze, ou karé; & insi de suite jusqu'au sêziême nonbre, qui est la sêziême, ou qui reprézante la derniére kaze ou karé, sur chacune moitié dudit Damier. Mês côme vous voiés que ces kazes ou karés, sont nômés, de noms fixes, & certins, il faut aûsi que les Dames soient nômées de noms fixes, certins & invariables, ou qui ne changent point, quoi que lêdites Dames changent de kazes ou de karés ; & ce, afin que par les moiens des uns & des autres de ces noms je me puîse têlemant bien expliquer, & vous fêre antandre l'ordre, & la suite de ce Ieu, par le mouvemant des Dames, que vous an receviés tout le plézir, que vous an espérés, & que je vous é promis.

J'aurés pû noter les Dames, par les Karactéres de l'Alfabét cômun, ou par quelques autres Karactéres vulguéres, mês j'ê estimé qu'il serét plus komode de les noter, ou de les nômer, par des nonbres, que par aucuns autres Karactéres: C'est pourquoi, sur la deuziême Planche, qui reprézante un Damier, avec les Dames placées côme êles doivent être pour jouer, êles sont notées par les Karactéres des Chifres, côme sont les Kazes ou karés, de tèle sorte que, la premiére Dame, qui est cêle qui est la premiére à la dréte du ran le plus reculé, ou qui est la premiére des Dames courônées, est notée par l'unité, & êle est sur la premiére kaze, cêle qui la suit à gauche, est notée 2, & êle est sur la deuziême kaze; & insi de suite jusqu'à la douziême Dame, qui est sur la douziême kaze: Le tout côme vous voiés qu'il est figuré, & reprezanté sur ladité deuziême Planche.

Remarque.

SVrquoi vous remarquerés, qu'ancore que les Kazes, Karés, Domicíles, ou Mézons, des Dames, soient fixes, & que les Dames soient mobiles; cela n'anpêche pas, que les Kazes, ou karés, ne gardent toûjours, & trés-fixemant leurs noms, & que les Dames, quoi que mobiles, ne conservent parfétemant les leurs, & ce tant les blanches, que les noires, quelques mouvemans qu'êles fâsent, ou puîsent fêre, sur le Damier, ou an qu'êles kazes, karés, mézons, ou domicîles, êles soient, ou puîsent être Ioüées, selon l'ordre du Ieu &c.

Remarque, Anotasion, & Avis.

IL serét bon, & même trés-nécêsére, à ceux qui n'ont pas la mémoire heureuze, ni l'imaginasion forte, & qui veulent aprandre à bien joüer aux Dames, qu'ils notâsent leurs Damiers, & leurs Dames, avec lêquêles ils veulent joüer, des mêmes, ou sanblables chîfres, nôtés, ou karactéres, que ceux qui sont sur les estanpes de ce livre; car par ce moien, ils ſuivront plus facilemant & plus exactemant les anſégnemans, ci-aprés.

Ypotézes, ou Supozisions.

IE ſupoze ici, que vous conêſiés les Chifres, leurs valeurs, ou les Nonbres qu'ils dénôtent, mês quand vous n'an auriés aucune conêſance, vous an pouvés aquérir toute l'intêlijance preſque an un inſtant, par le moien de quelqu'un qui vous an inſtruira.

Mês quant vous feriés âſés énemi de la Siance, & de vous même, pour n'an pas dézirer les inſtruxions; cela n'anpêchera pas, que vous n'aprenés le Ieu des Dames, par le moien de ce Livre, car vous n'avés qu'à considérer les figures des Caractéres des Estanpes, & suivre côme il vous est expliqué; ou sinplemant an voiant joüer les autres, vous pourés, nonobstant toute l'ignorance imaginable, devenir un trés-gran & trés-fort joüeur de Dames; & vous y pourés joüer aûsi bien, & même baucoup mieux, que de trés-habiles & sâvans Hômes, qui ont souvant trop de distraxions dans les âfêres, ou de divertîsemans dans les Siances, pour s'adoner aûsi sérieuzement à ce Ieu, que vous pouriés fêre: Et quand même vous seriés parvenu à céte grande kapacité, il n'y aurét rien de nouvau an cela, car j'é souvant vû & conû, & je cônês ancore à prézant quelques persones qui y joüent trés-bien, qui d'ailleurs ſont peu ſavantes, & qui au bezoin pourênt pâſer pour ignorantes, & qui néanmoins êment fort le Ieu des Dames, & le ſavent baucoup mieux que pluzieurs autres qui ont bien de la Siance, & qui s'exerſent âſés ſouvant à ce Ieu. Ie pourês vous an dôner ici pluzieurs exanples : Vous vous contanterés, s'il vous plêt, de celui du Sieur l'Hoſte, qui y jouét extr'ordinéremant bien, côme j'é dit ci-devant, ſous le titre de Remarques & Anotaſions conſidérables : Il y étét ſi intélijant, qu'il an ſavét par cœur, ou par mémoire, plus de mile parties toutes diféranres antr'êles; ce qui eſt trés-dificile à crére, & néanmoins trés-veritable; il étét trés-ignorant, non ſeulemant des Siances, mês aûſi des Ars; toutes ſes conêſances & kapacités ne s'étandênt que ſur les Dames. Mês le Sieur Pierre Herigone, l'un des plus ſavans hômes de nôtre ſiécle, & prinſipalemant aux Siances Matématiques; côme ſes Euvres le feront bien ſavoir, à ceux qui ne l'ont point conu, & qui an pourênt douter; il étét, côme je l'é déja dit, trés-excêlant joüeur de Dames: Ces deux Hômes, étênt de ma conêſance, & de mes amis; j'é ſouvant joüé avec eux, & je les é aûſi vûs trés-ſouvant joüer anſauble; mês Herigone qui avét la Siance univerſêle des Dames, l'anportét toûjours ſur toutes les conêſances particuliéres qu'an avét l'Hoſte. C'eſt pourquoi, vous devés préferer la Siance universéle du Ieu des Dames, à toutes les conêsances particuliéres que vous an pourés avoir.

Consékance.

De ce rézonemant, & de cét exanple, on peut rézonablemant inférer, que quand des Hômes savans, voudront se dôner le tans, la pâsiance, & tout le soin qui est nécêsére, pour bien joüer aux Dames, qu'ils s'an aquiteront trés-bien, & qu'ils y jouront baucoup mieux, & auec plus de justêses, que les ignorans, qui n'an ont que quelques pratiques & routines, dêquêles étans sortis, ils ne feront plus rien qui vale, car ils n'agiront plus que confuzémant, & par hazard: Et insi il ne faut pas s'étôner, si la fiance, & la dextérité d'Herigone, l'anporter toûjours sur les grandes pratiques de l'Hoste. C'est pourquoi, vous tâcherés d'aquérir la métode univerfêle de bien joüer, ce qui n'anpêchera pas que vous n'an éiés aûsi les cônêsances particuliéres dêquêles vous ferés vôtre profit aux ocazions, & selon les rancontres qui se prézantent à tous momans, & même à l'inproviste.

Préparasions & Avertisemans.

VOs Dames, & cêles de vôtre Aversére, étant bien rangées ou ordônées, sut le Damier, sur lequel vous voulés joüer, vous serés d'un kôté, ou à l'un des bous du Damier, &

vôtre Averſére ſera à l'autre kôté, ou à l'autre bout du même Damier; de têle ſorte, que ſi vous êtes du kôté du Damier, qui ſur l'eſtanpe eſt nômé Septantrion, ou DC. vôtre Averſére ſera du kôté noté BA. ou Midi, ſut la même eſtanpe; côme il eſt dit ci-devant.

Vous ſerés avertis, que ce qui eſt dit ci-devant, & ce qui ſera dit ci-aprés, pour celui qui a les Dames blanches, doit aûſſi être antandu pour celui qui a les Dames noires.

On ſera pareillemant avertis, que Dame & Pion, ſont termes ſinonimes, c'eſt-à-dire, qu'ils ne ſinifient qu'une même choze, la Dame Damée diſére de l'un & de l'autre terme: C'eſt pourquoi êle ſera toûjours apélée de ſon propre nom, c'eſt à dire, Damée; lors qu'êle ſera nômée, ſoit pour la joüer, ou autremant; parce qu'êle eſt réélemant diſtinguée des Pions ou des Dames ſinples, ou cômunes.

Que vous ſoiés donc au bout, ou kôté du Damier, noté Septantrion, ou DC. & que vous joüiés avec les Damés blanches, & que vous ëiés le trét, ou que ce ſoit à vous à joüer le premier, vous cômancerér à joüer, côme il ſuit.

Mètode universéle de joüer.

IOüés la Dame, ou le Pion noté 11. qui eſt an la 11. kaze, an la kaze notée 14. l'Averſére joura ce qu'il voudra, mês ſi il vous dône à prandre, vous prandrés, & vous n'y man-

manquerés jamés, car autremant vous aurés perdu la partie, selon la 4. Maxime : Car je supoze ici, que vous joüiés au Forsat, ou au gran Forsat, c'est à dire à toute rigueur; côme étant le vrai jeu des Dames; non seulemãt étant vrai que les autres sortes ou maniéres de joüer aux Dames, ne méritent ni loix, ni régles ; côme je vous é dit ci-devant: Toute-fois, on fera côme on voudra, chacun joüra, & fera des régles, & des loix, à sa volonté, ou selon son kaprice; côme j'é aûsi dit: Mês je vous anségne ici le vray Ieu, ou la plus noble, la plus bêle, & la plus parféte métode de joüer: C'est pourquoi &c.

Vous prandrés donc toutes les fois que vous aurés à prandre, & vôtre Averſére prandra aûſi, s'il a à prandre, ſinon vous aurés gagné la partie, parce qu'il aura manqué à prandre, ou par ce qu'il n'aura pas pris, & que ſi même, ou vous, ou lui, aviés à prandre, & que par méprize, inavertance, ou autremant, côme j'é dit ci-devant, vous ou lui, touchiés une Dame qui pût être joüée, ſans dire j'adoube, je range, ou j'ordône, la partie ſerét perduë pour celui qui aurét ſeulemant touché la Dame : Et que ceci ſoit dit pour toûjours, & pour la derniére fois, car je n'an parleré plus.

Aprés que l'Averſére aura joüé, vous joüerés la Dame notée 5. an la kaze notée 11. puis l'Averſére joüant ce qu'il voudra ; vous joüerés an ſuite la

Dame notée 4. qui est une des courônées, an la kaze notée 5. observant de fêre suivre tant, & le plû-tôt qu'il vous sera pôsible, les trois susdites Dames 11. 5. 4. la deuzième dêquêles doit secourir & soutenir la premiére, & la troizième qui est cêle de l'Angle gauche du Damier; & par consékant une des katre courônées, doit prontemant suivre & soutenir les deux précédantes. Ce qu'étant fêt, & l'Aversére êant joüé, & vous & lui êant pris, s'il y a eü à prandre, vous pourés continüer vôtre Ieu par lesdites trois Dames, ou par les deux d'icêles qui vous restront; s'il y an a une de prize, bien antandu, s'il y a lieu de le fére, & si rien ne vous an anpêche; & vous observerés, d'avancer, le plû-tôt qu'il vous ſera pôſible, la Dame notée 4. d'une kaze, ou de deux, mês de deux s'il vous eſt pôſible, car vôtre Ieu an ſera de baucoup meilleur & plus fort; & cepandant que vous joüés ces trois ſuſdites Dames, côme je vous é dit ci-dêſus, l'Averſére avancera ſon Ieu, & aparâmant il vous dônera lieu & jour, de lui fére quelque forte ataque.

Eant joüé & avancé les trois ſuſdites Dames, 11. 5. 4. de chacune une kaze, côme il eſt dit, & même de deux kazes, ou êant perdu la 11. il ne vous an reſte plus que la 4. & la 5, qui ocuperont les 11. & 5. kaze, ou ſi vous les avés poûſées plus avant, êles ocuperont les 14, & 11. kazes, alors. S'il n'y a rien de prêſant, côme de prandre, ou de fêre quelque coup avantageux, vous joüirés vôtre 9. Dame an la 15. kaze, ſoit que vous dôniés à prandre, où non, & l'Averſére êant joüé, vous ſuivrés de la 8. Dame, la joüant an la 9. kaze, mês joüant la 9. Dame an la 15. kaze, l'Averſère a à prandre, il prandra & vous prandrés avec la 8. Dame, la Dame de l'Averſére, avec laquéle il a pris vôtre 9. & alors vôtre 8. Dame ſera an la 15. kaze; ou ſi vous ne voulés pas prandre de vôtre 8. Dame, cêle avec laquéle l'Averſére a pris vôtre 9. & qui eſt an la 9. kaze, vous la prandrés avec vôtre 7. télemant que vôtre 7. Dame ſera, aprés céte prize, an la 16. kaze, mês il vaut mieux fére céte prize, avec vôtre 8. côme il eſt dit, parce que le triangle duquel il eſt parlé ci-aprés, & qui fét le kors de la bataille de vos Dames, & de tout vôtre Ieu, ſubſiſte an ſon antier ; côme vous verrés an ſuite.

Conſidérasions, & Rézonemans, ſur céte précédante Métode de Ioüer.

ON doit ſavoir que céte précédante métode de Ioüer, eſt généralemant parlant, la plus parféte de toutes cêles dont on ſe peut ſervir pour bien joüer, parce que le Ieu demeure an toute ſa force, par le moien des ſix Dames qui forment un Triangle, qui eſt Equilatéral à rézon des ſix kazes blanche, qui le forment, ou qui an font les côtés, & des ſix Pions ou Dames, qui ſont ſur leſdites kazes, mês à rézon des longueurs actüéles des kôtés de ce même Triangle, il eſt Izocéle, parce qu'il eſt formé de deux kôtés égaux antre eux dêquels chacun contient trois parties, ou longueurs dont une eſt cômune aûdiskôtés, qui ſont trois kazes blanches, an chacun kôté, ſur une baze de cinq kôtés, ou de cinq kazes, dont trois ſont blanches, & les deux autres ſont noires, qui diſtinguent ou qui ſéparent les blanches; & inſi ce Triangle eſt fondé, ou a pour baze les trois premiéres Dames courônées, & la Dame notée 10. fét ſa pointe ou ſon ſomét; ou pour parler plus ſinplemant, je dis que ce Triangle, eſt formé par les ſix Dames notées 1. 2. 3. 6.

7. 10. lêquêles font tout le kors, & tout le fort du Ieu, & ce Triangle ſubſiſtant , vôtre Ieu ſubſiſtera an toute ſa force, télemant que ce Triangle répréżante trés-bien le kors d'une Bataille, qui ſe termine an pointe, laquêle âfrontant l'ênemi, le ménace de le ronpre, & de le détruire; la pointe de céte Bataille eſt ſoutenüe par le reſte des Dames de ce Triangle, & les Dames qui ont joüé, ſont ou étênt come les êles de la Bataille : Mês la Dame notée 12. qui eſt ſur l'êle gauche, n'a pas ancore joüé, parce qu'êle n'an a pas ancore trouvé l'okazion, êle s'eſt tenüe à couvert & ſans mouvoir, à la faſon de ces Kavaliers, qui étans ſur les Eles d une Armée bien rangée, qui an ataque une au-

tre, se tiênent fermes, & ne branlent point, jusqu'à ce qu'ils voient l'okazion de charger l'énemi à l'inproviste, & de le surprandre, & de ranporter sur lui quelque notable & signalé avantage.

Ataque.

Mês quoi, dit le Critique, ce Discours est bien étrange, & fort éloigné de la rézon, de conparer un Triangle formé de six Dames, au kors de la Bataille d'une Armée, & six autres Dames, qui sont, ou qui étênt deux à la dréte, & katre à la gauche de ce même Triangle, aux êles de ladite Armée, rangée an Bataille, côme il est dit : & cela côme si tout le Ieu des Dames, qui sont douze de chacun kôté, & vint-katre an tout, reprézantênt deux kors d'Armées, ordônées, ou rangées an Bataille, & prêtes à conbatre, ou éfectivemant conbatantes: Cela est non seulemant imaginére, mês du tout inpôsible.

Défance.

Ie répons qu'il est vrai, que je conpare le Ieu des Dames rangées & ordônées, côme il est dit, & côme êles doivent être pour joüer, à deux Armées rangées an Bataille, & prêtes à conbatre. Quel inconvéniant y at-il an cela? le discours an est-il trop Métaforique? la Similitude est-êle trop éloignée de la vraye-sanblance? Ne voit-on pas, que les deux kors qui conpozent ce Ieu, dont l'un est formé par des Dames blanches, & l'autre par les noires reprézantent trés-bien deux Armées rangées, & prêtes à conbatre, chacune dêquéles a ſon Avant-garde, ſa Bataille, & ſon Arriére-garde ? Ou ſi on veut qu'on konbate à la moderne, & que toutes les Troupes d'une Armée, ſoient divizées, ou contenües ſous deux Brigades, lêquéles roulantes l'une aprés l'autre, chacune à ſon tour, ou alternativemant, ſoient rangées ou ordonées ſur deux lignes, ſur lêquéles êles conbateront; & côme il y a toûjours, & que même c'eſt une nécêſité qu'il y ét un kors de reſerve, derriére la deuziême ligne, pour ſoutenir an kas de bezoin, ou pour achever de ronpre les Enemis, & que cel kors eſt nécêſéremant ſur une troiziême ligne? On peut bien rézonablemant dire, côme il est trés-vrai, qu'il n'y a rien qui réprezante mieux deux Armées rangées an Bataille, & prêtes á conbatre, que le Ieu des Dames, ordonées côme il est dit, & même baucoup mieux, que le Ieu des Echês, duquel l'ordônance est seulemant sur deux lignes, sans aucun kors de rézerve. Et néanmoins.

Les plus grans Kapiténes, & les mieux antãdus au fét de la Guerre, des siécles pâsés, ont tous été grans joüeurs d'Echês : côme sont ancore aujourd'hui la plus-part de ceux de nôtre tans. Et an vérité j'estime qu'il y a peu de gloire & d'anbision an un Hôme de kômandemant, an une persone de kalité, & même an un sinple honête Hôme,

ou

ou persone d'honeur, de ne savoir point jouër aux Echês, & on peut dire avec baucoup de rézon, qu'il y a de la honte an tout Home de Guerre d'ignorer cét exsélant Ieu, dautant que par la pratique d'icelui, on apran à bien ataquer ses ênemis, à s'an bien défandre, à bien ordoner, à bien avanser, & à bien conduire, côme aûsi à bien soutenir ses amis, & à fêre de bones & de sûres retrêtes, an cas de nécêsité : Et il est certin qu'il n'y a que des persones d'esprit, & d'honeur, qui jouënt à ce Royal Ieu. C'est pourquoi &c.

Més come ces Mêsieurs dêquels il est parlé ci-devant, tant les ansiens que les modernes, sont tous demeurés & demeureront toûjours d'acor, que le Ieu des Echês reprezante trés-bien deux Armées rangées an bataille. C'est avec plus de rézon, qu'on doit se persuader la même choze de celui des Dames, tant par son ordonanse, que par ses mouvemans : Ce qui est si facile à conêtre, même aux moindres & plus fébles Espris, qu'il n'est pas nécêsére de discourir davantage sur un sujét qui n'est que trop cler de soi ; C'est pourquoi si les rézons donées par cête dêfanse, à l'ataque du Critique, ne le contante pas, les Dames auront un âsuré recours au fin Filozofe, & Orateur, qui sur les moindres sujês, & aux premiéres ocazions, qui se prézantent, fét à l'inprovifte des discours subtils, ranplis de diverses, & de trés-agréables narrasions, aconpagnées des plus bêles figures, soutenuës par les plus fors termes, de sa plus fine Rétorique ; il trouvera ici un ilustre sujét d'exercer son bel Esprit, & de fêre parade de sa superbe élokanse, pour le service des Dames, an prenant génêreuzemant leurs dêfanses, contre tous leurs Enemis, an expozant à la vûë de tout l'Vnivers, l'ignoranse, & la malice du Critique, & de ceux qui voudrênt disputer aux Dames, l'honeur qu'êles méritent, an fezant conêtre, par les Collizions de sa Paranomazie, que, sans aucunes colluzions, êles sont, aûsi-bien dans la légitime pôsêsion de l'honeur, & de la générozité, qu'an cêle de la douceur, & de la bonté; & de plus, pâsant avec âſuranſe, des ſimilitudes & des Alluzions, par la Métafore, an la Prozopopée, ſans dôner dans les Hyperboles, il fera, par la forſe de l'Epanorthoze, une multitude incroiable de ſaus périlleux, antre le Sans comun, & la Rézon, ſans toucher ni à l'un, ni à l'autre; de têle ſorte, que par le frékant uzage de l'Oximore, il ne tonbera jamês, ni dans l'extravaganſe, ni dans le galimatias. Et moi cepandant lêſant le Critique, & le fin Filozofe, dans les inpertinanſes de leurs rézonemans, & dans les incartades de ce ridicule & imaginére Conflit, je rantreré dans mon ſujét, pour n'an plus ſortir.

Continüasion du Ieu.

POur continuër la partie comansée, vôtre 8. Dame êtant an la 15. kaze, se se-ra à l'Aversére à jouër, s'il joue sa 4. Dame an sa 14. kaze, vous serés forsé de ronpre le Cors de vôtre Bataille, c'est à dire le triangle duquel il est parlé ci-devant, soit que vous jouïés la Dame notée 1. an vô-tre 8. kaze, ou la 10. Dame, an vôtre 14. kaze, ou que vous faciés une pour une, an donant vôtre 8. à la 12. de l'Aversére, il la prandra, & vous prandrés sa 12. de vôtre 10. qui sera aprés céte prize an la 13 kaze de l'Aversére, & vous aurés bon Ieu; ce sera alors à l'Aversére à Iouër, il joura sa 9. Dame an ſa 15. kaze, ou ſa 4. Dame an vôtre 15. kaze, ou ſa 10. Dame an ſa *15*. kaze, ou ſa 9. Dame, an ſa 16. kaze, ou s'il fét une pour une, an jouant ſa 4. Dame, an vôtre 14. kaze, vous la prandrés de vôtre 5. Dame, qu'il prandra de ſa 10. qui aprés céte prize ſera an vôtre 15. kaze, ou fezant une pour une de ſa 6. Dame à vôtre 10. Dame, il la prandra de ſa 2. qui aprés céte prize ſera an ſa 11. kaze, & c'eſt tout ce que l'Averſère peut jouër, mês s'il jouë ſa 9. Dame, an ſa 15. Kaze, vous jourés vôtre 9. Dame an vôtre 10. kaze, alors ſi l'Averſére veut il fera deux pour deux, joüant, ou ſa 4. Dame, ou ſa 9. an la 14. kaze, alors vous prandrés, ou de vôtre 9. ou de vôtre 5. ſelon qu'il aura joüé, ou ſa 4.

ou ſa 9. Dame, an vôtre dite 14. kaze.

S'il joüe ſa 4. Dame an vôtre 14. kaze, vous prandrés de vôtre 5. Dame, & il prandra vôtre 5. & vôtre 6. de ſa 10. que vous prandrés de vôtre 3. Dame, qui ſera, aprés cête prize, an vôtre 10. kaze; & vôtre Ieu ſera bon; & c'eſt à l'Averſére à joüer.

S'il joüe ſa 7. Dame, an ſa 10. kaze, ou an ſa 9. vous jourés vôtre 4. Dame an vôtre 11. kaze, qu'il joüe donc ſa 7. Dame an ſa 10. kaze, vous jourés vôtre 4. an vôtre 11. kaze, s'il joüe ſa 1. Dame, an ſa 7. kaze, vous jourés vôtre 7. an vôtre 9. kaze, s'il fét deux pour deux, joüant ſa 9. Dame an vôtre 14. kaze, vous prandrés de vôtre 3. & non pas de vôtre 4. parce que l'Aversére prandrét vôtre 4. & vôtre 7. Dame, de sa 7. prenant donc de vôtre 3. l'Aversére prandra vôtre 3. & vôtre 4. de sa 7. que vous prandrés de vôtre 2. qui sera aprés céte prize an vôtre 11. kaze; si l'Aversére fét une pour une, donant sa 6. à vôtre 10. Dame, il la prandra de sa 2. qui aprés céte prize sera an sa 11. kaze.

Vous jourés vôtre 7. Dame, an vôtre 15. kaze, s'il jouë sa 1. Dame, an sa 10. kaze; vous jourés vôtre 1. an vôtre 7. kaze, s'il jouë sa 3. an sa 5. kaze; vous jourés vôtre 2. an vôtre 14. kaze, s'il joüe sa 8. an sa 9. kaze; joüés vôtre 12. an vôtre 13. kaze, s'il jouë sa 3. an sa 12. kaze; vous ne jourés pas vôtre 12. an la 16. kaze de l'Aversére, parce qu'il jourét sa 1. an sa 15. kaze, ou sa 2. an sa 13. kaze, & il an prandrét deux pour une, et il serét à Dame, & vous perdriés la partie: c'est pourquoi vous jourés vôtre 1. an vôtre 10. kaze, alors l'Aversére sera forsé de joüer sa 8. an sa 16. kaze; car s'il jouë sa 2. an sa 13. kaze, il a perdu la partie, parce qu'alors vous joüriés vôtre 12. an la 16. kaze de l'Aversére, & sa 8. Dame serét perduë, & par consékant la partie: il joura donc sa 8. an sa 16. kaze, & vous jourés vôtre 2. Dame, an la 15. kaze de l'Aversére, il prandra vôtre 12. & vous prandrés sa 1. alors l'Aversére joura sa 8. Dame, an vôtre 6. kaze, & vous ferés damer vôtre 2. Dame, la joüant an la 2. ou an la

3. kaze de l'Aversére, qui fera damer sa 8. Dame, la joüant an vôtre 2. kaze; si vôtre Dame damée est an la 3. kaze de l'Aversére, gardés-vous bien de la joüer an la 5. de l'Aversére, parce qu'il jouret sa Dame damée an vôtre 7. kaze, & il aurét gagné la partie, à cauze qu'il prandrêt vôtre 1. Dame, & vôtre Dame damée, aprés que votre-dite Damée aurét pris la 2. de l'Aversére, vous jourés donc vôtre Damée, an la 6. kaze de l'Aversére, s'il joüe sa Damée an vôtre 7. kaze vous prandrés, & il prandra, joüés vôtre Damée, an la 11. de l'Aversére, il joura sa Damée an vôtre 10. kaze, & vous ménerês vôtre 7. à dame, sans qu'il vous an puîse anpêcher; s'il la poursuit aprés que vôtre 7.

Dame ſera an la 14, kaze de l'Averſére, joüant ſa Damée an vôtre 14. kaze, vous jourés vôtre 7. an la 10. kaze de l'Averſére; s'il jouë ſa Damée an ſa 15. kaze, couvrés vôtre 7. an jouant vôtre Damée, an la 6. kaze de l'Averſére; alors le Pion de l'Averſére ſera dégagé, qui eſt ſa 3. Dame, s'il la jouë il a perdu la partie, parce que vous jourês vôtre Damée, an la 2. de l'Averſére, il ſera forſé de prandre vôtre 7. avec ſa Damée, qui ſera prize avec ſa 3. par vôtre Damée, qui parviendra, par cête prize, an vôtre 16. kaze, & vous aurês gagné la partie.

Vous conêſés bien qu'on aurêt pû conduire cête partie an pluzieurs autres manières, & qu'on aurét êté obligé de jouër d'une autre fâſon, ſi l'Averſére avét joué autremant; & inſi on peut bien juger, qu'aux Dames, il n'y a point de coup, qui n'aye ſon contre-coup: Et j'eſtime qu'on peut conêtre, que le nonbre des diférantes parties qu'on peut jouër, par le changemant des coups, eſt trés-gran; & qu'il n'y a pas dequoi s'êtoner, de ce qui eſt dit ci-devant du ſieur Lhoſte, qui ſavét plus de mile parties, toutes dîférantes, par cœur, ou par mémoire: Et vous pouvés trés rézonablemant crére, que la métode universêle de bien jouër, vaut mieux que toutes les particuliéres, dautant qu'êle contient toutes les autres, parce que l'univerſel conpran tous les particuliers: C'eſt pourquoi &c.

Au-

Autre Métode de joüer, la même partie, les Dames du Midi, ou les noires, éant le Trét.

ON a été averti ci-devant, que ce qui est dit sur les Dames blanches, doit aûsi être antandu pour les noires, la Démonstrasion, ou la preuve de ce discours, se fêt côme il suit.

Ioüés la 11. des Septantrionales ou noires, an la 14. kaze dêdites noires, l'Aversére joüira sa 11. an sa 14. kaze vous prandrés, & il prandra, & sa 5. sera an sa 14. kaze, suivés de vôtre 5, & de vôtre 4. l'Aversére suivra de sa 4. fêtes une pour une, de vôtre 9. à sa 5. il prandra, & vous prandrés;

s'il joüe sa 4. an sa 14. kaze, fêtes une pour une, de vôtre 8. á sa 12. s'il joüe sa 9. an sa 15. kaze, joüés vôrre 6. an vôtre 10. kaze; s'il fêt deux pour deux, joüant sa 4. an vôtre 14. vous prandrés, & il prandra, & vôtre Ieu sera bon; s'il joüe sa 7. an sa 10. kaze, vous jourés vôtre 4. an vôtre 11. kaze; s'il joüe sa 1. an sa 7. kaze, vous jourés vôtre 7. an vôtre 9. kaze; s'il fêt deux pour deux, joüant sa 9. an vôtre 14. kaze, vous prandrés de vôtre 3. & non pas de vôtre 4. & il prandra, & vôtre 2. sera an vôtre 11. kaze, aprés ces prizes & reprizes; si l'Aversére fêt une pour une, donant sa 6. à vôtre 10. sa 2. se trouvera an sa 11. kaze; joüés vôtre 7. an vôtre 15. kaze, s'il joüe sa 1. an sa 10.

kaze; joués vôtre 1. an vôtre 7. kaze, s'il jouë ſa 3. an ſa 5. kaze; joués vôtre 2. an vôtre 14. kaze; s'il fêt une pour une donant ſa 1. à vôtre 2. gardés-vous bien de jouër votre 1. an votre 10. kaze, parce que vous auriés perdu la partie, mês vous la jourés an votre 9. kaze; ſi l'Averſére jouë ſa 8. an ſa 9. kaze, joués votre 12. an votre 13. kaze; s'il jouë ſa 3. an ſa 12. kaze, joués votre 1. an votre 10. kaze; alors, l'Averſére ſera forſé de jouër ſa 8. an ſa 16. kaze, &c.

Mês ſi vous joués votre 1. an votre 9. kaze, & que l'Averſére jouë ſa 2. an ſa 13. kaze, il a perdu la partie, dautant que ſi vous joués votre 12. an la 16. kaze de l'Averſére, il prandra, & vous prandrés; &

il ſera inpôſible à l'Averſére de ſauver ſa premiére Dame, quoi qu'il puîſe jouër ; & par conſékant il faut de nécêſité qu'il perde la partie. Donc &c.

Rézonemant.

DE tout ce qui eſt dit, il ſuit, qu'un coup qui eſt changé, anjandre une nouvêle partie, & un total changemant de Ieu; mês come les coups peuvent être changés, tant d'un koté que de l'autre, an un trés-gran nonbre de maniéres, il ſuit qu'il y a un trés-gran nonbre de parties diférantes antr'êles, mês ce nonbre quoi que trés-gran n'eſt pas indéfini.

Lors que de chacun kôté, on a deux ou trois Dames damées, avec quelques Pions, de ſorte que les deux Ieux ſoient bien diſpozés, alors, le nonbre des coups, qu'il faut jouër, ou qu'on peut jouër pour terminer la partie, eſt fort augmanté, & le nonbre d'iceux an pourêt être indéfini; c'eſt pourquoi il faut que l'un ou l'autre ataque, autremant la partie ne finirét point. Ie pourês fêre voir un trés-gran nonbre de ces ſortes de parties, mês je ne veux, ni annuïer, ni tonber dans l'indéfini, au contrére je veux éviter l'un & l'autre.

Autre Métode de joüer.

VOus pouvés cômanſer par la 9. ou par la 11. de vos Dames, ſoit que vous ëïés le trêt, ou que vous ne l'ëïés pas, ou ſoit que vous ëïés les noires, ou les blanches; dont l'exanple est ici doné, sur les blanches qui ont le trêt.

Ioués votre 9. an votre 15. kaze, & suivés de votre 8. joüés an suite votre 11. an votre 13. kaze, suivés de votre 5. & de votre katriême: Ces Ieux sont particuliers, vous les continurés par la Métode universêle, come il est dit ci-dévant.

Autremant les blanches, éant le Trét.

IOüés la 12. an votre 13. kaze, couvrés la de votre 5. ou joüés votre 12. Dame, qui est an votre 13. kaze, an la 16. de l'Aversére, joüés an suite la 11. la 5. & la 4. sur la Diagonale du Damier, c'est à dire sur la grande file, ou pour être plus facilemant antandu, joüés selon, ou ſur la ligne drête DB. come vous voïés ſur les Eſtanpes: Vous ſavés que je vous ê bien áſûré, que je ne vous avertirês plus de prandre, parce que vous auriés perdu la partie ſi vous y manquiés: C'eſt pourquoi je ne vous an avertis pas, je vous dis ſeulemant que pour continüer votre Ieu, ſur les ſusdis cômanſemans divers, & particuliers, que vous ëïés recours à la pratique ſur la métode universêle.

Autre Métode de joüer, les Dames blanches, ou Septantrionales, éant le Trét.

IOüés la 12. an votre 13. kaze, ſi l'Averſére joüe ſa 11. an ſa 14. kaze; vous jourés votre 5. an vôtre 12. kaze, si l'Aversére joüe sa 5. an sa 11. kaze; joüés votre 4. an vôtre 5. kaze, s'il fét le sanblable, fêtes deux pour deux, & non pas une pour une, pour n'avoir pas votre 11. an la 16. de l'Aversére, parce que cela lui donerét de la pique sur vous, c'est à dire une atante de fêre deux sur vous, ou même trois à son avantage: C'est pourquoi vous ferés deux pour deux: puis c'est à l'Aversére à jouër: Il peut joüer an cinq fâsons, come vous voïés par la dispozision de son Ieu, & du votre, parce qu'il ne joura pas sa 5. il aurêt perdu la partie, car vous an auriés trois pour une, & votre 7. serét à Dame, qu'il fâse donc une pour une, de sa 11. à votre 11. joüés votre 6, an votre 11. kaze, l'Averſére a divers coups à joüer, s'il joüe ſa 7. an ſa 10. kaze, il fét deux pour deux ; vous prandrés, & il prandra ; joüés votre 9. an votre 15. kaze, s'il joüe ſa 1. an ſa 7. joüés votre 3. an votre 6. ſi l'Averſére joüe ſa 1. an ſa 10. kaze, il a perdu la partie, vous an prandrés trois pour deux, & vous irés à Dame, donant premiéremant votre 9. à la 12. de l'Averſére, puis joüant votre 3. ou votre 7. an votre 10. kaze, il prandra, & vous an prandrés trois, s'il joüe ſa 6. an ſa 10. il perdra la partie ; come vous pouvés conêtre, jouant votre 3. an votre 11. qu'il joüe donc ſa 1. an ſa 9. joués votre 8. an votre 9. s'il joüe ſa 6. an ſa 10. joués votre 8. an votre 16. s'il joüe ſa 6.

an ſa 15. pour piquer la 7. ronpés ſon dêſin, an menant votre 9. à Dame, & vous aurés bon Ieu; s'il jouë ſa 3. ou ſa 4. ou ſa 1. an ſa 16. kaze, à tous ces coups, il a perdu la partie, parce que vous prandrés trois de ſes Dames, an donant votre 9. à ſa 12. come je vous ê dit ci-devant, il ne peut donc jouër que ſa 1. an ſa 15. kaze; car autremant il a perdu come il eſt dit; qu'il la jouë donc, alors, vous jourés vôtre 4. Dame an votre 12. kaze, & l'Averſére a perdu la partie, come auparavant, parce qu'il ne peut pas, vous anpêcher d'an prandre trois pour deux; donc quoi qu'il puîſe jouër, il a perdu la partie; car ſi pour éviter le coup de trois pour deux, il done ſa 6. à votre 9. il n'a pas moins perdu; car outre que vous avés un Pion ſur lui, vous âlés à Dame, & ſa perte eſt inévitable, come vous pourés voir ſur le Ieu. Donc &c.

Réflexion.

CEte partie eſt bêle, mês j'eſtime que vous conêſés bien, que je la pouvês changer an un trés-gran nonbre d'autres fâſons, mês alors ce n'ût plus été céte même partie, s'an ût été une autre, ou d'autre &c. ſelon les changemans, me ſerét âſés facile, de vo âſigner juſtemant, le nonb des converſions, ou chang mans, de cête partie an d'au tres, & même de vous dire, tous les Poins, ou Principes, d'un chacun des changemans, mês outre que cela ne vous ſerét d'aucun uzage, ni utilité, pour aprandre à Iouër; vous trouverés âſés toutes ces chozes, lors que vous ſerés dans les exercices du Ieu. C'eſt pourquoi &c.

CHAPITRE XVI.

Divers Coups trés-remarkables pour joüer, tant pour forser l'Aversére, que pour s'an bien défandre.

Avoir le Coup.

AVoir le Coup est de la derniére & extrême consékanse, car celui qui a le Coup, ne peut jamês perdre, quoi qu'il jouë, cela s'antand si le Ieu est égal de part & d'autre.

C'eſt une bêle queſtion, ſelon quelques grans Ioüeurs de Dames, de ſavoir, ſi celui qui a le Trét, a aûſi le coup; ou ſi le Coup vient à celui qui joüë le deuziême : Il n'y a point de dîficulté, & il eſt trés-certin, que celui qui a le Coup, joüë le dernier, parce qu'il reduit ſon Averſére à l'extrémité de ne pouvoir plus joüer, c'eſt à dire à la derniére extrémité, qui eſt d'avoüer qu'il ne peut plus joüer, & qu'il a perdu la partie, parce qu'il eſt anfermé, ou parce qu'il a tout perdu : C'eſt pourquoi, celui qui ſait, qu'il a le coup, ne ſe mét pas an péne de ſon Ieu, il ne fét que joüer ſinplemant dans les Régles du Ieu, come il eſt dit ci-devant; & il gagne infailliblemant.

Avoir le Coup.

Définision.

AVoir le Coup, eſt avoir ſon Ieu têlemant diſpozé, au reſpec de celui de l'Averſére, qu'on ſoit an puîſanſe de l'anfermer, & non au contrére.

Explicaſion, & Exanple.

S'Il ne reſte plus qu'à chacun une Dame damée, celui qui a le Coup, peut joüer ſa Dame, par tout le Damier, même aux Angles d'icelui, c'eſt à dire, aux Kazes notées 4. & ce aûſi libremant qu'aux koins doubles, ſans aucun danger de perdre, parce qu'il a le coup, côme il eſt dit, mês l'autre, ou celui qui n'a pas le coup, ne doit pas abandoner les deux lignes, ou bandes blanches, des koins doubles, qui sont, l'une à la drête, & l'autre à la gauche, de la Diagonale noire, notée A C. sur la premiére Estanpe, qui reprezante le Damier nud & sans Dames, êle est aûsi notée AC. sur la 2. Estanpe qui reprezante le Damier, & les Dames sur icelui, prêtes à jouër; mês êle n'y est pas hachée, ou reprezantée noire, à cauze des Dames noires, qui sont hachées, ou reprezantées noires, pour les fêre dîférer des blanches; côme on voit par lêdites Estanpes, sur la 2. dêquéles, savoir cêle qui contient les Dames, les Kazes, ou Karés, n'ont point êtés hachés, pour éviter la confuzion, &c.

Les deux Bandes que celui qui n'a pas le Coup ne doit point quirer, contiénent les Kazes notées, 1, 7, 10, 14. 15. 9. 8. êtant certin, que si celui qui n'a pas le coup, quite les Kazes de l'une ou de l'aurre dêdites deux Bandes, sans pouvoir revenir, ou à l'une, ou a l'autre d'icêles, qu'il a perdu la parrie; dautant qu'il sera presque aûsi-tôt anfermé, & il n'aura plus que deux coups à jouër aprés les avoir quitées, s'il ne peut rantrer ou revenir an l'une, ou an l'autre d'icêles, côme il est dit.

Ce qui est dît, n'avient pas seulemant, lors qu'on n'a qu'à chacun une Dame, cela avient aûsi, lors qu'on an a chacun deux, pourvû qu'êles soient séparées, & que l'Aversére, c'est à dire celui qui a le Coup, ait ses Dames, sur lêdites deux bandes, &c. C'est pourquoi les Ioueurs, doivent bien prandre garde, à ce qui est dit touchant le Coup.

Ie ne parle pas de ces adrês, qui cônêsans qu'ils n'ont pas le Coup, se le dônent par un faux coup qu'ils joüent, an sautant d'une kaze, an une autre, qui est joüer deux coups : Cela est unefilouterie, qu'une persone d'honeur n'est pas kapable de fêre : Donc &c.

Forser deux Dames damées, avec trois damées.

DEux Dames damées, dont l'une est an un koin double, & l'autre, an l'autre Koin double, seront forcées par trois Dames, damées, côme il suit.

Il est certin qu'il faut être trés-féble Ioüeur, pour ne pas forser deux Dames damées, avec trois autres Dames qui sont aûsi damées, & cela par tout le Damier, bien antandu, que les unes & les autres soient an liberté; car il est certin, que le Ieu pourét être dispozé de tê-le sorte, que trois Dames damées, ne pourênt pas an forser deux autres aûsi damées; au contrére les deux tiendrênt les trois âsiégées, ou anfermées &c. & ce côme il suit.

Exanple, où trois Dames damées ne peuvent forcer deux Dames damées.

QVe les noires soient les trois, & que les deux soient les blanches, & que le Ieu soit difpozé, côme il ſuit, que des trois noires, l'une ſoit pour exanple, an la 11. kaze des noires, & l'une des blanches, an la 10. kaze des mêmes noires; car êles pourênt être ailleurs, côme il eſt facile à voir.

Que les deux autres noires, ocupent les 4. & 5. Kazes des blanches, & que l'autre blanche, ſoit an la 13. ou an la 6. Kaze des blanches, & que ce ſoit aux noires à joüer, les deux blanches tiênent les noires anfermées, parce que la noire qui eſt ſeule, ſera aculée, par la blanche ſeule, & l'autre blanche, tiendra les deux autres noires anfermées, de ſorte qu'êles ne pouront ſortir, ni pas même fêre une pour une, cêle du Koin, ne poura joüer, & l'autre ne poura jouër, que ſur les Kazes notées, 3, 5. 12. & la blanche joura ſur les Kazes notées, 6, 11, 13. & par conſéкant les trois noires ſont anfermées par les deux blanches &c.

Autre Exanple, où trois Dames damées, n'an peuvent forſer deux damées.

QVe les noires ſoient les trois, que l'une d'icéles ſoit, côme an l'exanple précédant, an la 11. des noires, & une des blanches an la 10. des noires, ou an la 15. des blanches. Que des deux autres noires, l'une ſoit an la 3. des blanches, & l'autre an la 12. des mêmes; & que l'autre blanche ſoit an la 11. des blanches: La propozision est évidante, car la ſeule noire, ſera aculée par la ſeule blanche, & des deux autres noires, ni l'une, ni l'autre, ne peut joüer ſans périr, donc &c. Et de plus ſi des deux noires, l'une périt pour dégager l'autre, les noires ont perdu la partie, ſi cêle qui eſt dégagée par la perte de l'autre, ne gagne le koin double, qui lui eſt le plus voizin ; car à la premiére démarche qu'êle fera au contrére, êle ſera aculée par la blanche, & les noires ſeront forcées. Donc &c.

Coup conſidérable.

IL y a un coup trés-conſidérable, & qui avient ſouvant aux Dames, quelques-uns le nôment, Bezane, Biſac, Bezace, &c. Quelques autres l'apêlent Margo la fandüe, avec plus de rézon (ce me ſanble) que la Margo la fandüe, du Tric-trac, car celui qui, au Tric-trac, tonbe, ou dône dans Margo la fanduë, pert ſon tans, il ne fét rien, quand même il y dônerét mil fois de ſuite: Il eſt vrai qu'au Ieu du Tric-trac, Ian qui ne peut, eſt un trés-malhûreux Ian, celui qui le fét pert des Poins, ſouvant la partie, ou Sinple, ou Bredoüille, ſelon le rancontre, & quelque-fois le tour antier. Il me ſerét facile de fére voir, au Ieu des Dames, toutes les ſortes de Ians, tant grans, gros, moiens, que petis, même le Ian qui ne peut, mês tous les Ians ſans aucune excepſion, ſont rejetés du Ieu des Dames, ils n'y ſont que des ſôs, Ian qui ne peut, y eſt plus ſot que les autres ; Mês Margo la fanduë y eſt trés-bien rêſûë, êle ſi montre ſouvant, & on la jouë aûſi-tôt qu'êle ſe prézante ; celui qui done dedans, ou qui antre dans Margo la fanduë, gagne au moins un Pion, ou une Dame ſinple, ou une Dame damée, quelque-fois deux, ſouvant la partie antiére, ou au moins il mét à refêre, ou à recômanſer le Ieu, ou la partie ; ou an tout cas il ſe ſauve, ſi ce coup eſt réïteré, ou doublé, la partie eſt âſûrée pour celui qui le fét. I'an doneré ici un exanple, qui ſervira d'inſtrucſion à ceux qui ſont ancore novices, ou peu exercés au Ieu des Dames.

Exanple de Margo la fanduë.

QVe les noires ſoient les deux, dont l'une ſoit an la 3. des noires, & l'autre an la 14. des mêmes, pour aculer la blanche qui eſt an la 13. des noires, ou pour l'anpêcher de gagner le koin double, & que ce ſoit aux noires à joüer; ſi la noire de la 3. joüe an la 5. le Bîſac, la Bezace, &c. eſt féte, & la ſeule blanche a gagné la partie, ou au moins êle oblige au refét, la blanche ſe loge au milieu de la Bezaze, c'eſt à dire an la 11. kaze; ſi la noire qui eſt an la 5. jouë, la blanche a gagné la partie; ſi l'autre jouë, la blanche a aûſi gagné la partie; ſi la noire ne ſe ſauve prontemant an l'un ou an l'autre des koins doubles.

Forser de plein Ieu.

Mês pour revenir à nôtre propozision de forser de plin Ieu, deux Dames damées, avec trois autres qui sont aûsi damées, cela se fera par tout le Damier : Ie doneré seulemant ici la Métode de le fére, quand des deux Dames à forser, l'une est an l'un des koins doubles, & l'autre an l'autre desdîs koins doubles.

Exanple.

QVe les noires soient les deux qu'il faut forser, placées, côme on voudra, an l'un & an l'autre des Koins doubles, les trois blanches, qui doivent forser les noires, sont Métrêses du Champ de Bataille, êles tiénent le milieu du Damier, êles vont où êles veûlent, par tout icelui. Ie n'estime point qu'il soit nécêsére de vous fére joüer, pour vous instruire de ce coup, il sufit que je vous dize, qu'il faut que vos trois Dames ocupent les 7. 14. & 9. kazes, de l'une ou de l'autre des lignes des koins doubles; c'est à dire qu'êles soient sur l'une, ou sur l'autre d'icêles lignes, sur lesdites kazes: C'est ce que vous ferés facilemant, pour peu que vous soiés exersé, & aûsi-tôt vous forcerés, an fezant une pour une, & gagnerés donc &c.

De la Culée, Tas ou Taſeau, ou de l'Antaſemant des Dames.

IE diré ſur le ſujét de la Culée, du Tas, du Taſeau, ou de l'Antaſemant, de ſes Dames, qu'il faut qu'un bon Ioüeur tiêne ſes Dames alerte, c'eſt à dire an état de les bien jouër toutes, & non pas de les aculer; au contrére, il faut aculer cêles de ſon Averſére, il les faut anfermer, il les faut forſer, &c.

Celui qui acule ſes Dames, ſe mét hors du Ieu, ou au point de ne pouvoir plus jouër, quoi qu'il ait baucoup de Dames, & même des damées, il anferme ſon Ieu de lui-même, & il mét ſon Averſére, an état de l'anfermer facilemant, puiſque de lui-même il s'anferme. I'an dôneré ici quelques Exanples, pour l'inſtruxion des novices, au Ieu des Dames.

Exanples de la Culée.

SI celui qui a les noires a une Dame damée, & katre Pions, le tout placé, côme il ſuit, que ſa Dame damée ſoit an la premiére kaze des blanches, & que ſes Pions ocupent les 7, 8, 9, 15, & 16, kazes, des mêmes blanches, & que ce ſoit aux noires à jouër, & que celui qui a les blanches, ait ſeulemant une Dame damée, placée an la 6. kaze des blanches, & que celui qui a les noires, jouë cêle qui eſt an la 15. kaze, an la 9. la Dame damée blanche, étant joüée an la 2. des blanches, les noires ne peuvent plus jouër, êles sont aculées.

Ie pourés montrer la Culée, an un nonbre indéfini de fâsons, mês il n'est pas nécêsére, cela est âsés antandu par ce qui est dit, je doneré seulemant un exanple, pour aculer l'Aversére, contre sa volonté, c'est un coup que j'é souvant pratiqué, & par ce moien j'é gagné des parties qui étênt dézespérées.

Exanple de la Culée forcée.

QVe les noires soient 4. Dames, savoir une damée, & trois sinples, ou Pions, que les blanches soient trois, savoir deux damées, & un Pion, les unes & les autres, placées côme il suit, que des noires, la damée soit an la 4. kaze des blanches, que des sinples, ou Pions, deux soient an la 12. & 14. des mêmes blanches, & l'autre an la 5. 6. 7. ou 8. kaze des noires, que des blanches, les deux damées soient l'une an la 3. & l'autre an la 7. kaze des blanches, & le Pion, an la 6. des mêmes blanches, & que ce soit aux blanches à joüer, les noires seront nécêsérement aculées, dautant que le Pion blanc, étant dôné au Pion noir, qui est an la 14 kaze, il prandra, & alors il sera an la 5. des blanches, & la Culée sera féte de la Dame damée des noires, & des deux Pions, l'un an la 12. & l'autre an la 5. kaze des blanches, & c'est aux blanches à joüer, la blanche de la 7. kaze, joura, & êle forcera la noire. Donc &c.

Ie pourês dôner un gran nonbre d'autres exanples par tout le Damier, sur le sujét de la Culée, chacun le peut fére aûsi: de même l'on peut montrer qu'une seule Dame ou Pion, an acule, ou anferme non seulemant 3, 4, ou 5, autres, mês tant qu'on voudra, c'est pourquoy &c.

Propozision.

CElui qui a le Trêt, doit-il aûsi avoir le coup ?

Explikasion.

PAr céte propozision, on demande, si celui qui a le Trét, doit aûsi avoir le coup ? c'est-à-dire s'il peut trouver le moyen, ou la métode de joüer, de têle ſorte qu'il ait aûſi le coup.

C'eſt une propoziſion que quelques-uns ont voulu fére pâſer pour bêle & pour grande, de ſavoir, ſi celui qui a le trét, doit aûſi nécêſéremãt avoir le coup, je dis qu'êle eſt nule, car autremant il s'anſuivrét que ſi celui qui a le trét, doit aûſi avoir le coup, qu'il gagnerét infailliblemant, puiſque c'eſt une nécêſité que celui qui a le coup, gagne; il faut donc que celui qui a le trét conduize ſi bien ſon jeu, qu'il ait aûſi le coup, & par conſékant qu'il gagne. C'eſt ce qu'il faut non ſeulemant démontrer être pôſible, mês même il an faut démontrer l'acte, ou l'êfét, c'eſt-à-dire la partie qu'on cherche, avec laquêle on gagne toutes les autres, c'est la conversion de l'art an la siance &c. Ie ne diré rien davantage sur ce sujet, je le lêse à décider aux plus fins.

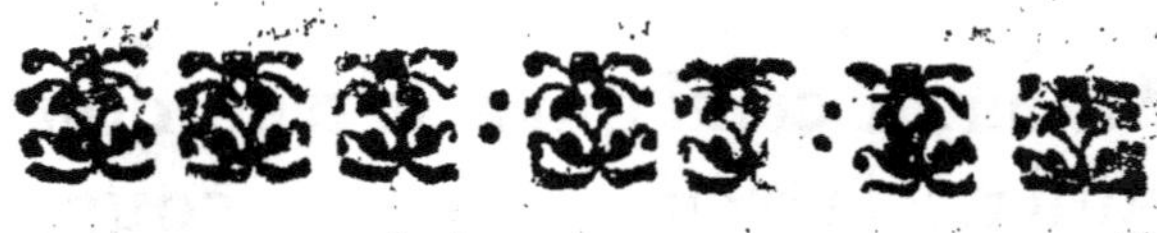

CHAPITRE XVII.

Métode de joüer aux Dames, an laquêle on est obligé de prandre non seulemant le plus fort, mês aûsi du plus fort.

Explikasion du propozé.

AN la bêle métode de joüer aux Dàmes, c'est-à-dire au Ieu-forcé des

Dames, ou au grand-forſat, puiſque les autres ſortes de Ieux ne méritent ni loix, ni régles, côme il eſt dit ci-devant, on eſt obligé de prandre le plus fort, autremant on a perdu la partie, & il n'inporte que céte prize ſe fâſe ou avec une Dame damée, qui eſt plus noble, & plus forte que la ſinple Dame, ou Pion, ou avec un Pion, ou ſinple Dame, qui eſt moins noble, & moins forte que la Dame damée, côme il eſt dit & trés-cléremant expliqué ci-devant; pourvû que la prize qu'on fét, ou d'un kôté ou de l'autre, ſoit égale tant an nonbre de piéces, qu'an valeur d'icêles. Mês ici il n'an eſt pas de même, kar il faut prandre du plus fort, c'eſt-à-dire avec la Dame damée, qui eſt plus noble &

plus forte que le Pion, parce que ſi on fét autremant, on a perdu la partie.

Autre explikaſion.

SI an même tans on a à prandre ou un Pion, ou une Dame damée, avec un Pion & avec une Dame damée, il faut prandre avec la Dame damée, car ſi on pran avec le Pion, on a perdu la partie, côme il eſt dit.

Ce qui eſt dit d'un Pion, ou d'une Dame damée qu'on a à prandre, doit aûſi être antandu de deux, ou de pluzieurs Pions, ou de deux, ou de pluzieurs Dames damées, ou de Dames damées, & de Pions mêlés anſanble, côme on voudra, pourvû que l'égalité ſoit obſervée tant an nonbre qu'an valeur

de

de piéſe. La prize an doit être féte avec la Dame, & non pas avec le Pion, car autremant on a perdu la partie, côme il eſt dit, il faut donc, an premier lieu, que les Ioüeurs conviénent & demeurent d'acor de ce qu'ils dézirent & veulent être obſervé an leur maniére de joüer, dautant qu'il y a une notable diférance de la précédante métode de joüer à celle-ci, & même il peut avenir, que prenant avec le Pion, on gagnera une partie, qu'on perdra nécêſéremant ſi on pran avec la Dame damée; c'eſt pourquoi il faut convenir du Ieu, & demeurer d'acor côme il eſt dit: Cela ſupozé, je dône un exanple de céte métode de joüer, kôme il ſuit.

Exanple.

D'Vn coup, où on a an même tans à prandre avec une Dame damée, & avec un pion.

Que les noires soient 5, savoir 4. Dames damées & un Pion, que les blanches soiêt 4, savoir une Dame damée & 3. Pions, le tout dispozé ou placé sur le Damier, côme il suit.

Que des 4. Dames damées, l'une soit an la 2. kaze du Septantrion, & que les autres ocupent les 5. 10, & 12. kazes du Midi, & que le Pion noir soit an la 11. kaze Septantrionale.

Que des blanches, la Damée soit an la 2. kaze du Midi, & que les 3. Pions, ou sinples Dames, ocupent les 3, 8, & 10. kazes du Septantrion, & que ce soit aux noires à joüer. Il est aûsi clér que le jour, que par le Ieu ordinére des Dames, les blanches ont perdu la partie, & il est inposible qu'èles se puîsent sauver, il faut qu'êles se randent, mês êles n'an veulent rien fére; il les faut forser, pour le fére, que la Dame noire de la 2. kaze Septantrionale joüe an la 7. du même kôté, sur le Pion blanc qui est an la 10. kaze, que ce Pion soit joüé an la 15. kaze, qu'il y soit poursuivi par céte même noire, qui de la 7. kaze joüe an la 9, alors le Pion blan qui est an la 3, kaze Septantrionale, joüra an la 5. du même kôté sur le Pion noir. C'est une nécêsité par les régles de ce Ieu, qua la Dame noire qui est an la 9. kaze, préne le Pion qui est an la 15, car autremant la partie est perduë ; alors le

Pion blan qui est an la 5. kaze des blanches, prandra trois Damés, savoir une sinple, & deux damées, & il sera à Dame, & les blanches ont gagné la partie, quoi que les noires puîsent joüer. Le tout côme on peut voir an êfét sur le Damier.

Exanple d'une partie antiére sur céte sorte de Ieu.

Ioüés vôtre 11. Dame an vôtre 14. kaze, l'Aversére fera une pour une, de sa 9. à vôtre 11. vous prandrés, & il prandra de sa 8. Dame; joüés vôtre 6. Dame an vôtre 11. kaze, l'Aversére joura sa 11. an sa 14. kaze; joüés vôtre 2. an vôtre 6. kaze, l'Aversére joura sa 5. an sa 11. kaze; joüés vôtre 6. Dame an vôtre 13. kaze, l'Aversére joura sa 4. Dame, an sa 5. kaze; joüés vôtre 10. Dame, an vôtre 15. kaze, l'Aversére joura sa 8. an sa 14. kaze; joüés vôtre 2. an vôtre 11. kaze, l'Aversére joura sa 5. Dame, an sa 13. kaze; joüés vôtre 9. Dame an vôtre 16. kaze, l'Aversére prandra vôtre 10. & vôtre 7. Dame, avec sa 11. & êle sera à Dame, & vous prandrés la 5. & la 4. Dame de l'Aversére, avec vôtre 9. & vous serés aûssi à Dame; l'Aversére joura sa 8. Dame, an vôtre 10. kaze, & vous jourés vôtre 9. Dame an la 16. kaze de l'Aversére, qui donera sa 3. à vôtre Dame damée, vous prandrés, & il prandra vôtre Damée de sa 6. Dame; joüés vôtre 2. Dame, an vôtre 4. kaze, l'Aversére joura sa 2. Dame, an sa 6. kaze, fétes une pour une, de vôtre 2. à la 10. de l'Aversére, il prandra, & vous prandrés, & l'Aversére joura sa 1. Dame, an sa 8. kaze, pour anpêcher vôtre 12. Dame, de se poster an la 9. kaze de l'Aversére, dautant que vous iriés à Dame, & gagneriés la partie; mês pour cela, l'Aversére n'a pas moins perdu, kar par l'établîsemant de ce Ieu, qui veut qu'on préne du plus fort, c'est à dire, de la Dame damée, & non pas du Pion, ou de la Dame sinple, vous avês nécêsséremant gagné, côme il suit.

Donés vôtre 12. Dame à la 1. de l'Aversére, joués an suite vôtre 3. Dame, an vôtre 6. kaze, l'Aversére peut prandre du Pion; mês cela est contre l'établîsemant de ce Ieu, & par consékant il a perdu la partie, si seulemant il touche ce Pion, ou céte 8. sinple Dame; il prandra donc de sa Dame damée, & de vôtre 5. Dame, vous prandrés la 11. la 1. & la 7. Dame de l'Aversére, c'est à dire trois Dames, dont une est damée, & vôtre cinq sera à Dame: Et par consékant vous gagnerés la partie, parce que vous avés cinq Dames, dont une est damée, & qui sont toutes três-bien postées; contre katre Pions ou Dames sinples, qui restent à l'Aversére, qui sont âsés mal placées: & par consékant, vous avés gagné la partie, parce que vous la devés gagner; si ce n'est que vous la perdiés à plézir, ou exprés. C'est pourquoi &c.

Objecsion ou Ataque.

MEs il me ſanble que j'antans quelques Critiques au Ieu des Dames, qui grondent, & qui ne ſont pas contans de ce que je dis, je m'imagine qu'ils dizent, qu'ils joüênt tous les coups, & par conſékant toutes les parties qui ſont an ce Livre, & que je dône pour bônes, & pour bien conduites, tout autremant que je les é décrites, anſégnées, reprézantées & joüées.

Réponſe, ou Ripoſte.

IE répon qu'il eſt vray que je pouvês montrer les coups, & conduire les parties tout autremant que ce qui eſt contenu dans ce Livre, mês je l'é insi fét exprés, pour bien fére antandre le Ieu des Dames, à ceux qui ne le savent pas: Et de plus je dis que ce n'est ni pour les plus fins, ni pour les plus savans, qu'on écrit d'un Ieu, ou d'une Siance, &c. au contiére c'est pour ceux qui l'ignorent, ou qui ne la savent pas, c'est pour les instruire & pour les conduire, & c'est à ce sujet que j'é donné des préceptes, des canons, ou des rêgles tant generales, que particuliéres, des loix, des coups, & des parties antiéres, pour parvenir à mes fins. Et de plus, je répons à ces Mêsieurs qui disent, que s'ils avênt actuêlemant, ou an êfét, êtés an la place de l'imaginére Aversére que j'é supozé, & que j'éfét conbatre par celui que j'é conduit, &

qui anfin s'est trouvé victorieux, qu'ils aurênt joüé tout autremant, & que par consékant &c. A quoi je répons que j'aurês pareillemant conduit le Ieu d'une autre sorte, tant pour l'ataque que pour la rézistanse, & ces Mêsieurs se souviendront, s'il leur plêt, de ce que j'é dit cidevant, qu'au Ieu des Dames il n'y a point de coup, qui n'ait son contre-coup : car autremant on serét forsé, & on aurét perdu &c.

KARTEL.

MEs. *Si sans rodomontade, un franc Picart côme moy, pouvêt avec quelque sorte de bienseance & de civilité, sans trancher du Fanfaron, ni du Brave, prézanter un kartel à une douzéne ou plus de ces Mêſieurs, qui ſe font tous blans de leurs êpées ſur le ſujet des Dames, ſoit qu'ils fûſent Européans, ou de quelqu'autre partie de la Terre, je le ferés de bon cœur, & d'autant plus volontiers, qu'ils ſerênt an plus gran nonbre: car ancor qu'il ſoit trés-vray qu'au Ieu des Dames, aûſi-bien qu'an diverſes autres chozes, je ſois à prézant baucoup plus propre pour le conſeil, que pour l'exékuſion: Néanmoins je les conbatrés tous ſinguliéremant, ou les uns aprés les autres, au hazar d'une douzéne de piſtoles, à chacune partie, ſelon les plus exactes loix des kartels. I'é du déplézir du retardemant qu'ils font à ſe prézanter, je les atans avec impaſiance & de pié ferme.*

CHAPITRE XVIII.

Métode de jouër aux Dames, selon laquêle les Dames sinples, ou Pions, ne peuvent prandre les Dames damées.

COme il est démontré ci-devant, que le Ieu des Dames a été conu de tous tans, il n'y a pas dequoi s'êtoner, qu'il soit an grande pratique, & estime, chês toutes les Nasions du Monde, ni qu'il soit joué avec quelques diversités, par les uns, ou par les autres, de ceux qui s'y exersent, & qui y pré-

y prênent quelques divertîſemans. Les Métodes que jé anſégnées ci-devant, ſont cêles,
qui ſont, ou qui doivent être,
pratiquées, ſelon les régles &
les préceptes, que j'an ai doné
ce Livre, & j'eſtime que le tout
ſera trés-bien receu. Pluzieurs
chés les Oriantaux, & même
quelques Italiens, pratiquent le
Ieu des Dames, côme il ſuit.

La Métode univerſêle qu'ils
obſervent an joüant, ne difére
point de cêles que j'é anſégné
ci-devant, dautant que par
cêle-ci, aûſi-bien que par les
précédantes, on tâche d'âler à
Dame, le plû-tôt qu'on peut,
à cauze de l'avantage que les
Dames damées ont ſur cêles
qui ne le ſont pas, & cela tant
à rezon de leurs mouvemans,
qu'à cauze des prizes qu'êles

ſont, ou qu'êles peuvent fêre, qui ſont divizées, an directes ou drêtes, latérâles ou koſtiéres, qui ſont cêles qu'êles ſont de kôté, & an rétrogrades, qui ſont cêles qu'êles ſont an retournant, ſoit qu'êles ſoient fétes directemant ou indirectemant, les diféranſes n'étant an cela, que ſelon le plus & le moins, tant aux prizes qu'aux mouvemans: Mês ce qu'il y a de trés-particulier an ce Ieu, eſt que les Pîons, ou ſinples Dames, prênent les Pions, ou ſinples Dames, côme réciproquemant êles an ſont prizes, c'eſt-à-dire, qu'êles ſe prênent antr'êles: Le ſanblable eſt des Dames damées, qui ſe prênent antr'êles, & de plus êles prênent les Pions; c'eſt-à-dire an un mot, qu'êles prênent à l'ordinére, côme aux autres métodes de jouër, déclarées ci-devant; mês les Pions, ou sinples Dames, ne prênent pas les Dames damées, quoi qu'êles soient an prize, soit qu'êles s'y mérent an éfet, ou qu'êles se trouvent y être, par le moien de quelque découverte, côme cela avient trés-souvant, & même presque à tous momans, qu'une Dame, ou sinple, ou damée, qui n'est point an prize, se trouve être an prize par le mouvemant d'une autre Dame, du même party, soit qu'êle soit Pion ou sinple Dame, ou même qu'êle soit damée: Bref la Loi de ce Ieu, est qu'an quelque maniére qu'une Dame damée se trouve être an prize, par un, ou même par deux Pions, qu'êle ne peut être prize, ni par l'un, ni par l'autre; parce que, la Loi ou la régle, de ce Ieu, est que les Pions ne prénent point les Dames damées.

Remarque.

IL est de plus à remarquer, que si un Pion, ou Dame sinple, a an prize un ou deux Pions, ansuite dêquels il y ait une Dame damée qui soit aûsi an prize, céte sinple Dame prandra bien les Pions, mês êle s'arêtera à la Dame damée, quoi que de ce même coup éle soit an prize, parce que, côme il est dit, les Pions, ou sinples Dames n'ont point la puîsance de prandre les Dames damées, &c.

Il me sanble que chacun antandra facilemant la régle de ce Ieu, & je croy l'avoir âsés expliquée.

Quant à la métode de le joüer, êle ne difére point de cêles que j'é anségnées ci-devant, mês [...] est nécêsére d'antandre bien l[...] précédantes, avant qu'on pu[...] rézonablemant bien joüer cêl[...] ci, ce qu'êtant fét, & pour pe[...] qu'on se soit exercé aûdites pre[...] cédantes, on joüra ézémant cê-le-ci, c'est pourquoy je n'an dô[-]neré point d'exanples, on a[...] poura âsés facilemant prandre de soi-même, donc &c.

Il serét âsés facile d'invanter d'autres métodes de joüer aux Dames, que cêles que j'é expliquées ci-dessus, côme aûsi de dôner des régles sur chacunes de cêles qu'on invanterét, êtant certin que celuî qui aura âsés d'esprit pour an invanter, aura sans doute, âsés d'antandeman pour an dôner des loix, & d[...]

preceptes, & pour an bien établir les régles tant générales que particuliéres, c'est pourquoi &c.

Du Ieu des Dames, nommé Coc-Inbert.

C'Est un Proverbe qui est trés-cômun au Ieu des Dames, qu'on nôme Coc-Inbert, par lequel on dit, que celui qui gagne est celui qui pert.

Ce Ieu est diamétralemant opozé à tous les précédans, car an toutes les prêcédantes métodes de joüer, il faut pour gagner détruire l'Aversére, & pour avoir gagné, il faut que l'Aversére soit antiéremant détruit, il faut qu'il n'ait plus ni Pions, ni Dames, c'est-à-dire qu'il n'ait plus ni Dames sinples, ni Dames damées, ou au moins il faut quêles ſoient toutes anfermées, de têle ſorte qu'ils ne puîſent plus joüer: mês au Ieu du Coc-Inbert, il an eſt tout autremant, car il faut avoir tout perdu, pour avoir tout gagné.

Si je ſavês l'étimologie de Coc-Inbert, c'eſt-à-dire l'origine du mot, ou du nom de ce Ieu, au cas qu'il doive être prononcé an un mot, ou qu'an êfet Coc-Inbert ſoient deux noms, ou mots liés, ſéparés coupés, ou côme il vous plêra, il ne m'inporte, je vous âſûre que je vous la dirés aûſi libremant, que je vous déclare an pure vérité que je ne la ſé pas, car de vous dire que ce Ieu ait pris ſon nom de ſon Invanteur, qu'on apêloit Coc-Inbert, ou qu'un nômé Coc fils d'Inbert, fut l'invanteur de ce Ieu, cela pourét être, plûtôt que d'an attribuer l'origine & l'invansion à un Coc éfectif, qui étét un Oizeau qui apartenét a défunt Monsieur Inbert, l'un vaudrét bien l'autre, je pourês néanmoins tirer l'étimologie de ce nom tout autremant, mês je n'an feré rien, quelques-uns s'an pouroient scandalizer, & je ne veux ofanser ni sâcher persône, je vous diré seulemant qu'ancore qu'il sanble que les régles de ce Ieu soient diamétralemant opozées à cêles de tous les précédans, à cause qu'ils sont tous diamétralemant opozés à celui-ci, côme il est dit, néanmoins cela n'est pas universel, parce qu'au Ieu du Coc-Inbert, aûsi-bien qu'an tous les précédans, il est bon de tenir le milieu du Damier, à cauze qu'il faut fére joüer les Dames pour les perdre, aûsi-bien qu'îl les faut fére joüer pour gagner, & insi il ne les faut pas tenir anfermées ou réserrées dans les xoins, cela leur ôterét la liberté du Ieu, & le moïen de se perdre, & par consékant de gagner.

Ie vous avertis, que vous preniés bien garde de ne venir pas, à n'avoir plus qu'une Dame, de reste, sans la pouvoir aûsitôt perdre; parce que vous seriés an état de tout gagner, & par consékant de tout perdre, dautant que vôtre Aversère, qui aurét ancore quelques Dames de reste, jourét de têle sorte, que vous serés an état de prandre toutes ses Dames, avec vôtre restante; & non au contrére &c. La pratique vous fera, an peu de tans, devenir sa-vant an ce Ieu.

Ioüer à la Poule.

IOüer à la Poule, est que trois, katre, ou tant d'Hômes, ou de Persones qu'on voudra, mé-tent au Ieu, chacun une égale some d'arjant, grande ou peti-te, & qu'ils joüent ansanble, à qui gagnera le tout.

Exanple.

SOient quatre Homes, dont chacun a mis, pour exan-ple, une pistole, sont qua-tre pistoles, qui apartiendront à celui desdîs quatre Homes, qui gagnera les trois autres, & ce côme il suit.

Premiéremant, on voit quels

ſeront les deux qui jouront les premiérs ; cela pour avoir un ordre réglé dans le Ieu, les deux premiers joüent anſanble, les deux autres conſeillent ſi ils veulent, ou d'un même koté, ou de divers kotés, côme ils voudront, pour rire, ou pour ſe divertir; parce qu'il inporte peu à ceux qui ne joüent pas, qui ſera celui qui gagnera céte ptemiére partie, dautant que celui qui l'a gagnée n'a rien fét, s'il ne gagne les deux autres, l'un aprés l'autre; il faut donc qu'il jouë contre le deuxiême, aprés avoir gagné le premier, s'il le gagne, il ne fét rien, s'il ne gagne le troiziême, il jouë donc contre le troiziême, s'il le gagne les 4. piſtoles ſont à lui, êles lui apartiênent; car il les a gagnées par l'ordre du Ieu. Surquoy il faut noter que lors qu'un a gagné le premier, il joüe contre le deuxiéme, alors les deux autres conseillent ce deuxiéme, & insi celui qui a gagné une partie, & qui joüe la deuxiéme, joüe contre trois, côme pareillemant lors qu'il joüe la troiziéme partie, de sorte qu'il faut gagner trois parties de suite lors qu'on est katre. Més il an faut gagner katre lorsqu'on est cinq, &c. celui qui a gagné la premiére partie, a tous les Ioüeurs contre lui, lors qu'il joüe la deuxiéme, la 3, & la 4, partie, & insi il est trés-dificile, supozé l'égalité antre les joüeurs, qu'un hôme gagne trois, katre, ou plus de parties de suite, dautant que (excepté à la premiére partie) il joüe seul contre tous les autres.

Cére

Céte maniére de joüer est trés-cômode pour aprandre le Ieu des Dames an peu de tans.

Du Ieu du Renard.

LE Renard est seul, les Poules sont 12. rangées, côme pour jouër aux Dames, à l'ordinére ; le Renard se met sur quêle kaze il veut, de cêles sur lêquéles on jouë, c'est-à-dire des blanches : si on jouë sur les blanches, côme c'est l'ordinêre, il faut que les Poules jouënt de têle sorte que le Renard ne les puise prandre; car le contrére ne peut pas avenir, dautant qu'il serét contre nature, que les Poules prîsent le Renard : Il faut donc qu'êles se couvrent, & qu'êles se conduizent si bien, que le

Renard ne les puîse prandre, dautant que la perte de l'une des poules pourét cauzer la perte de toutes les autres, & il faut qu'êles anferment le Renard, & alors êles auront gagné la partie, mês si le Renard n'ést pas anfermé, & qu'il puîse pénétrer la troupe des Poules, il a gagné la partie, toutes les Poules sont à lui, & tout l'arjant qui est au jeu.

Il est constant qu'on anferme facilemant le Renard avec les douze Poules, côme aûsi avec onze & avec dix, & même avec neuf, côme il est facile de voir par la pratique de ce Ieu, il n'y a qu'à conduire les Poules, de sorte qu'êles se couvrent l'une l'autre, afin que le Renard ne puîse ni pâser, ni prandre aucune Poule.

Quelques-uns joüent avec 2 Renars placés au comancemant du Ieu, aux angles des Dames courônées, à condision que les Renars joüront tour à tour, ou l'un aprés l'autre, les Poules sont aûsi augmantées à proporsion côme de 13, 14, 15, 16, &c. selon la forse des Ioüeurs. On joüra ézémant toutes ces sortes de Ieux, pour peu qu'on s'y soit exercé.

FIN.

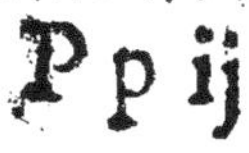

AVERTISEMANT touchant les deux Estanpes qui sont ci-aprés.

IL inporte peu que des deux Estanpes qui sont ci-aprés, dont l'une reprezante le Damier nu, & sans Dames, & l'autre le Damier avec les Dames sur icelui, prêtes à joüer; sênt tournées au respec de ce Livre, an sorte que le Septantrion, qui est noté DC, sét an haut, & par consékant le Midi, qui est noté AB, sét an bas, & an ce kas, êles serênt tournées, à la fason ordinéremant observée aux Cartes Géografi-

NOMS des principaux Auteurs, Peuples, & Sectes de Filozofes, qui ſont cités dans ce Livre, ſelon leur ordre; dont les autorités ſont raportées, ſur les ſujés Moraux, Politiques, & Iſtoriques, qui y ſont conpris. Mês pour ce qui y eſt dit, touchant le Ieu des Dames, tout y eſt de moi, je n'an ê rien anprunté de perſone; & j'eſtime être le premier qui an a trété, & (peut-être) le ſeul qui an a pû rézonablemant écrire.

OVIDE.

Térence. 62
Ariſtote.
Hypocrate.
Avicéne.
Eraſme.
Pibrac.
Socrate.
Ciceron.
Dracon.
Marc Auréle.
Solon.
S. Paul.
N. S. Ieſus-Chriſt.
S. Mathieu.
David.
S. Bazile.
S. Bernard.
S. Franſois.
Albert, Pratriarche de Hieru
zalem.
S. Auguſtin.
Origéne.
Du Belley.
S. Anbroize.

S. Bonavanture. 63
S. Benoist.
Salomon.
Plutarque.
Xylandre.
S. Gregoire le gran.
S. Fransois de Sales.
Archias, Poëte Grec.
Homére.
Platon.
Pline.
Galien.
Dioscoride.
Valére le gran.
Tite-Live.
Virgile.
Servius.
Strabon.
Ausone.
S. Hiérôme.
Macrobe.
Ponponius Lætus.
Moïze,
Malachie, Proféte.

Ioseph.
Aben-Ezra.
Euzébe.
Clémant Alexandrin.
Hérigone.
Montagne.
Les Romins.
L'Edit Prétorial.
Les Athéniens.
Les Spartiates.
Les Locriens.
Les Gimnozofistes.
Les Bracmanes.
Les Druides.

Et pluzieurs autres : Més parce que je ne suis pas an pôsêsion de tous ces Auteurs, j'é été obligé d'an anprunter quelques-uns de mes amis, & j'é trouvé les autres, dans ces grandes, riches, & trés-rénômées Bibliotéques, de S. Victor, & de Monsieur de Thou, &c.

ques, ou qu'êles sênt tournées au contrére ; dautant que les instruxions du Ieu, an sont sanblables : Néanmoins, parce que je me suis presque toûjours servi des Dames blanches, pour fére joüer celui que j'é supozé vouloir être instruit du Ieu, & que j'é condui contre l'Aversére, qui a joüé avec les Dames noires ; il m'a sanblé, qu'il seret mieux, que le Septantrion fut au bas, à cauze qu'il est le kôté des Dames blanches, côme il est écri sur les mêmes Estanpes ; & par consekant le Midi au haut, qui est le kôté des Dames noires ; & c'est la rézon qui m'a obligé à les fére placer, côme vous les voïés.

I'aurês pû métre pluzieurs autres Planches, an ce Livre, pour démontrer chacune partie, an particulier, & même chacun coup; més il est certin, que si on suit exactemant ce que j'é dit, & expliquè, sur céles qui y sont, on cônétra qu'éles sufizent, & que les autres y aurênt été superflües.

Quelques Fautes remarquées an l'inprêsion.

PAge 40. ligne 2. lizés *l'autre.*
P. 46. l. 3. lizés *Plutarque.*
P. 75. l. 13. lizés *Luite.*
P. 141 l. 5. ôtés *apelans.*
Page 148. l. 10. lizez *digamiam.*
P. 204. l. 22. lizés *un peu plus.*
P. 212. l. 19. lizés *perpendiculeremant*, & non pas *perpandiculeremant*, qui est un terme de Lourdaut, & que j'é an

extrême aversion, &c.

P. 229. l. 5. lizés *Nauplius.*

P. 261. l. 20. lizés *d'Eubée.*

P. 263. l. 23. lizés *par la.*

P. 264. l. 12. lizés *Anticlie.*

P. 290. l. 9. lizés *fère damer.*

P. 331. l. 4. lizés *qu'un Pion.*

P. 333. l. 3. ôtés un *plus.*

P. 433. l. 6, & 7. lizés *an ce Livre.*

P. 441. l. 20. lizés *que vous feriés.*

P. 443. l. 2. lizés *& cela*, ou *& ce.*

Vous corigerés, s'il vous plêt, les autres fautes que vous trouverés, la plû-part dêquéles sont cauzées par le peu d'habitude qu'on a à l'Ortografe nouvéle; mês j'espére que vous ne trouuerés aucune faute aux Chifres, par le moien dêquels vous serés instruis du Ieu des Dames.

PAR grace & Privilège du Roi, siné EGROT, an date du 10. Iuillet 1651. il est permis à Mêtre Pierre Mallet, ingénieur ordinére du Roi, & Proféseur aux Siansses Matématiques, de fére inprimer, vandre & distribüer toutes les Euvres qu'il a conpozées & toutes céles qu'il conpozera par tels Inprimeurs & Libréres qu'il voudra, durant l'espace de dix ans, à comanser du jour que chacune d'icéle sera achevée d'inprimer : Avec défances à toutes persones, de quéle Kalité éles sént, d'an rien inprimer, vandre ni distribuer, sous quelque prétexte que ce sét, sans le consantemant dudit Mallet, à péne de six mil livres d'amande, &c Le tout côme il est plus anplemant porté par ledit Privilége.

Registré sur le Livre de la Comunauté des Marchans Inprimeurs & Libréres, de céte Vile de Paris, ce dixiéme Octobre 1660. siné André SOUBRON, Sindic.

Achevè d'inprimer le 31. Octobre 1668.

Les Exanplères ont été fournis.

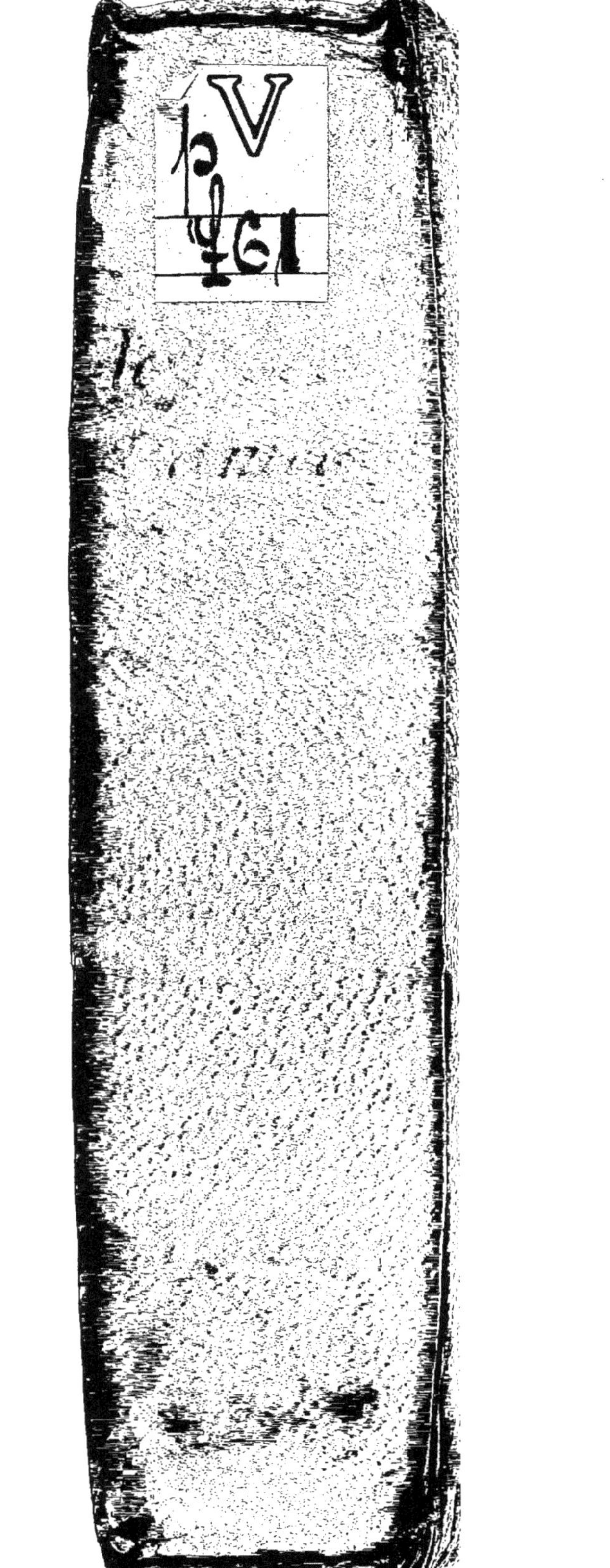

www.ingramcontent.com/pod-product-compliance
Lightning Source LLC
Chambersburg PA
CBHW060912220326
41599CB00020B/2940

9782019537197